CURSO INDIVIDUALIZADO DE MATEMATICAS BASICAS

Primera Parte

Aritmética

- Gladys Aponte
- Frank Higginbotham
- Estela Pagán
- Francisca Pons

EDUPR

EDITORIAL DE LA
UNIVERSIDAD DE PUERTO RICO

1991

Primera edición, 1984
Reimpresiones 1985, 1988, 1991

Curso individualizado de matemáticas básicas.

Contents: la. pt. Aritmética; 2a. pt. Algebra Elemental;
3a. pt. Algebra Intermedia
1. Mathematics - 1961 - . I. Aponte, Gladys.
QA39.2.C87 1984 510 84-20838
ISBN 0-8477-2638-X (pbk. : set)
ISBN 0-8477-2639-8 (Parte I.)

Impreso en los Estados Unidos de América
Printed in the United States of America

Editorial de la Universidad de Puerto Rico
Apartado Postal 23322
Estación de la Universidad de Puerto Rico
Río Piedras, Puerto Rico 00931-3322

Con mucho cariño a todos los estudiantes
y a nuestros hijos.

INTRODUCCION

En la enseñanza de los cursos elementales de matemáticas, encontramos serias deficiencias en conceptos fundamentales. Deficiencias que podemos eliminar con el esfuerzo e interés de los estudiantes.

¿A qué se deben estas deficiencias? Hay diferentes razones, pero pensamos que una manera de superarlas sería separar el curso elemental en tópicos que permitan: primero, ubicar al estudiante en la parte donde su deficiencia es fundamental y segundo, tener flexibilidad de manera que cada estudiante pueda ir a su paso, dedicándole más atención a los tópicos que identificó como de mayor dificultad.

Considerando estas ideas, sometimos un proyecto de mejoramiento de la enseñanza a la Fundación Nacional de Ciencias (NSF), y conseguimos una subvención para escribir estos módulos, preparar exámenes, que se generan mediante una computadora, obtener equipo de computadoras y administración del proyecto. Además de la cooperación del Departamento de Matemáticas, Recinto de Río Piedras de la Universidad de Puerto Rico tuvimos el estímulo del Decano, Dr. Manuel Gómez Rodríguez.

El curso diseñado está dividido en tres partes:

I. Aritmética

   A. Los números naturales
   B. Fracciones
   C. Decimales
   D. Los números reales

II. Algebra Elemental

   A. Funciones y gráficas
   B. Exponentes enteros
   C. Polinomios
   D. Factorización

III. Algebra Intermedia — Conceptos básicos

A. Expresiones racionales
B. Ecuaciones lineales
C. Exponentes racionales y radicales
D. Tópicos adicionales

Agradecemos a los compañeros Sylvia Gallardo de López, Víctor García, María Socorro Rivera de Báez y Harold Stolberg sus aportaciones.

No podemos dejar de mencionar la labor sobresaliente de la Srta. Melanie Simmons, quien además de ser secretaria ayudó en la presentación del material, viéndolo desde el punto de vista de un estudiante.

Gladys Aponte
Frank Higginbotham
Estela Pagán
Francisca Pons

INDICE

ARITMETICA

UNIDAD I – ARITMETICA

Subunidad I-A – *Números Naturales*
Tópicos:

1- Notación de conjuntos
2- Leyes fundamentales de la aritmética
3- Factorización
4- Divisor mayor común
5- Múltiplo menor común

A. I CONCEPTOS BASICOS DE CONJUNTOS

En el desarrollo de este curso necesitaremos algunos conceptos fundamentales de la teoría de conjuntos.

Decimos que un conjunto está bien definido si se puede determinar los elementos que pertenecen o que no pertenecen al conjunto.

Representamos un conjunto usando el símbolo { } escribiendo dentro sus elementos o las características de éstos. Por ejemplo, el conjunto {a, b, c, d} es el conjunto que consiste de los elementos __________ (1). Si la regla de formación del conjunto está dada implícitamente por algunos de los elementos del conjunto, no tenemos que escribir todos los elementos de éste.

EJEMPLO 1.1

N = {1, 2, 3, ...} es el conjunto de todos los números __________ (2). Los puntos suspensivos después del 3 sirven para indicar que el conjunto no tiene un último elemento. Este es un conjunto __________ (3). Nota que los tres primeros elementos nos dan una idea del resto de los elementos en N.
Sea A = { Días de la semana}. A contiene __________ (4) elementos. Decimos que A es un conjunto finito.

Ejercicio 1.1

¿Son diferentes los conjuntos, {1, 2, 3, ...10}, {1, 2, 3, 10}, {1, 2, 3, ...}? ¿Por qué?

Además de enumerar los elementos de un conjunto, a menudo se usa la notación {x | x tiene la propiedad p} para describirlo.

EJEMPLO 1.2

{1, 2, 3,...10} se puede escribir como:
{x | x es un número natural menor que 11}.

Ejercicio 1.2

Escribe los siguientes conjuntos usando la notación, $\{x \mid x \text{ tiene la propiedad } p\}$:

(a) $\{1, 3, 5, 5, 7, \ldots\}$ (b) $\{1, 3, 5, 7\}$

(c) $\{5, 10, 15, \ldots\}$ (c) $\{\pi, 2\pi, 3\pi, \ldots\}$

Si *b* es un elemento del conjunto A, lo denotamos por $b \in A$. Si *b* no es un elemento del conjunto. A, lo denotamos por ________ (5) ________ .

EJEMPLO 1.3

$9 \in \{x \mid x \text{ es un impar positivo}\}$
$9 \notin \{1, 3, 5, 7\}$

Ejercicio 1.3

Llena el espacio en blanco con $\in$ o $\notin$

(a) 7________ $\{1, 3, 5\}$ (b) 5________ $\{y \mid y \text{ es un cuadrado perfecto}\}$

(c) 3________ $\{3, 5, 6\}$ (d) 5________ $\{\frac{1}{2}, \frac{2}{2}, \frac{3}{2}, \frac{4}{2}, \ldots\}$

A es un subconjunto de B si todos los elementos del conjunto A pertenecen al conjunto B. Lo denotamos con el símbolo $A \subseteq B$. Si A no es subconjunto de B, entonces escribimos ________ (6) ________ . El conjunto de los números pares positivos es un ________ (7) ________ del conjunto de los números naturales. El conjunto de los números naturales ________ (8) ________ del conjunto de los números pares.

EJEMPLO 1.4

Sea $A = \{x \mid x \text{ es un entero mayor que 2, menor que } 12\}$
$B = \{y \mid y \text{ es un entero mayor que 3 y menor o igual que } 10\}$
$C = \{z \mid z \text{ es un múltiplo positivo de 3 menor que } 15\}$

Entonces $B \subseteq A$, C ________ (9) ________ A, y $\{3, 9\}$ ________ (10) ________ C.

El conjunto de elementos comunes a dos conjuntos A y B se denomina la intersección de A y B y lo representamos como $A \cap B$. El conjunto de los elementos que pertenecen a por lo menos uno de los conjuntos A o B se denomina la unión de A y B y lo representamos como $A \cup B$. Dados dos conjuntos A y B, el conjunto $\{x \mid x \in A \text{ y } x \notin B\}$ se denomina la diferencia entre A y B y se representa como $A - B$. Si un conjunto no tiene elementos decimos que es vacío o nulo y lo denotamos con los símbolos $\{ \}$ o ϕ.

EJEMPLO 1.5

Sean $A = \{1, 3, 5, 7, 9\}$
$B = \{5, 7, 11, 15\}$
$C = \{1, 3\}$ Entonces:

(a) $A \cap B = \{5, 7\}$
(b) $A \cup B = \{1, 3, 5, 7, 9, 11, 15\}$
(c) $A - B = \{1, 3, 9\}$

Mientras que $B - A = \{11, 15\}$
(d) C ______ (11) ______ A, $A - C =$ ______ (12) ______
(e) $B \cap C =$ ______ (13) ______

Ejercicio 1.4

Si $P - Q = \phi$, ¿qué relación existe entre los conjuntos P y Q?

Sea $\cup$ un conjunto universal y A un subconjunto de $\cup$. Definimos el complemento de A en $\cup$ como $\cup - A$ y lo denotamos por $\sim A$. También lo podemos escribir como $\overline{A}$. Esto es, $\sim A = \{ \mid$ ______ (14) ______ $\}$. Si N es el conjunto de los números naturales, entonces el conjunto de los números impares es el ______ (15) ______ del conjunto de los números pares en N.

El producto cartesiano de dos conjuntos C y D se define como:
$C \times D = \{(a,b) \mid a \in C \text{ y } b \in D\}$

EJEMPLO 1.6

Sean $\cup = \{1, 2, 3, 4, ..., 9, 10\}$
$C = \{1, 3, 5, 7\}$,
$D = \{2, 3\}$ Entonces:
(a) $\sim D =$ ______ (16) ______
(b) $C \times D = \{(1,2), (1,3), (3,2),$ ______ (17) ______ $\}$
¿Qué será $D \times C$? ______ (18) ______

Ejercicio 1.5

Sea $\cup = N$, el conjunto de los números naturales.

Sea $C = \{x | x \text{ no es divisible por } 5\}$ y
$D = \{1, 2\}$

Halla:

(a) $\sim C$ (b) $C \cup (\sim C)$

(c) $\sim D$ (d) $D \times D$

A.2 LEYES FUNDAMENTALES DE LA ARITMETICA

Las siguientes igualdades son ejemplos de las leyes fundamentales de la aritmética:

(a) $(5 + 7) + (8 + 10) = (8 + 10) + (5 + 7)$
$= (10 + 8) + (7 + 5)$

Ley Conmutativa de Suma:

Si $a, b \in N$, entonces $a + b = b + a$

(b) $2 + (7 + 5) = (2 + 7) + 5$

Ley Asociativa de Suma:

Si $a, b, c \in N$, entonces $a + (b + c) = (a + b) + c$

(c) $3 \cdot (5 \cdot 7) = (5 \cdot 7) \cdot 3 = (7 \cdot 5) \cdot 3$

Ley Conmutativa de Multiplicación:

Si $a, b \in N$, entonces $a.b = b \cdot a$

(d) $(3 \cdot 5) \cdot 2 = 3 \cdot (5 \cdot 2)$

Ley Asociativa de Multiplicación:

Si $a, b, c, \in N$, entonces $a \cdot (b \cdot c) = (a \cdot b) \cdot c$

(e) $4(5 + 2) = 4 \cdot 5 + 4 \cdot 2$

Ley Distributiva de Multiplicación con respecto a la Suma:

Si $a, b, c \in N$, entonces $a(b + c) = ab + ac$

NOTA 2.1

El orden de las operaciones es sumamente importante en los cálculos aritméticos. Por ejemplo, en $2 + 3 \cdot 5$, se obtiene primero el producto 15, y luego le sumamos 2, a pesar de que primero aparece la suma en el orden normal de lectura de izquierda a derecha. Si quisiéramos llevar a cabo primero la suma, lo indicamos con un signo de agrupación y escribimos:

$$(2 + 3) \cdot 5 = 25$$

NOTA 2.2

Las leyes fundamentales de la aritmética son útiles en los cálculos aritméticos mentales. Supongamos que deseamos multiplicar $19 \cdot 21$ mentalmente. Podemos usar las leyes fundamentales para simplificar esto:

$$\begin{aligned} 19 \cdot 21 &= 19 \cdot (20 + 1) \\ &= 19 \cdot 20 + 19 \cdot 1 \\ &= 19 \cdot 2 \cdot 10 + 19 \\ &= 38 \cdot 10 + 19 \\ &= 380 + 19 \\ &= 399 \end{aligned}$$

También podriamos escribir esta multiplicación como:

$$21 \cdot 19 = (20 + 1) \cdot (20 - 1)$$

Esta es una expresión que estudiaremos más adelante. Usando la ley Distributiva repetidas veces, vemos que:

$$(20 + 1) \cdot (20 - 1) = 20 \cdot 20 - 1 \cdot 1 = 400 - 1 = 399$$

Ejercicio 2.1

Escribe las leyes usadas en cada uno de los siguientes ejercicios:

(a) $5(3 + 4) = (3 + 4)5$

(b) $2 + (3 + 4) = 3 + (2 + 4)$

(c) $5(6 + 3) = 6 \cdot 5 + 3 \cdot 5$

A.3 FACTORIZACION

En el producto $6 \cdot 9 = 54$, decimos que 6 y 9 son ________(19)________ de 54, y que 54 es un ________(20)________ de 6 y 9. Como a su vez $2 \cdot 3 = 6$ y $3 \cdot 3 = 9$, podemos usarlos para reemplazar a 6 y a 9 en la factorización de 54, y escribir:

$$54 = 6 \cdot 9 = 2 \cdot 3 \cdot 3 \cdot 3$$

Vemos entonces que 2 y 3 son ____(21)____ de 54, y que 54 es ____(22)____ de 2 y de 3.

Un número cuyos únicos divisores son el propio número y el 1, se llama un número primo. Por eso 2 y 3 son números ____(23)____ . Luego, 2 y 3 son factores ____(24)____ de 54. Los números primos más pequeños son: 2, 3, 5, 7, 11, 13.

EJEMPLO 3.1

Podemos hallar la factorización en factores primos de 54 por medio de un árbol:

```
   54
   / \
 2___27
     / \
    3__9
       / \
      3__3
         / \
        3__1
```

De aquí, $54 = 2 \cdot 3 \cdot 3 \cdot 3$ ·

Exponentes

La factorización de 144 es $2 \cdot 2 \cdot 2 \cdot 2 \cdot 3 \cdot 3$, que también podemos escribir como $2^4 \cdot 3^2$, donde el 4 indica que 2 es factor ____(25)____ veces de 144, y que 3 es factor ____(26)____ veces de 144. Cuatro es el ____(27)____ de 2 en esta factorización.

EJEMPLO 3.2

$1800 = 2 \cdot 2 \cdot 2 \cdot 3 \cdot 3 \cdot 5 \cdot 5 =$ ____(28)____

Ejercicio 3.1

(1) Expresa 1024 como producto de factores primos.

(2) Halla el producto:

(a) $2^2 \cdot 7$ (b) $2^3 \cdot 3^3$

A.4 DIVISOR MAYOR COMUN

Sea D_{30} el conjunto de divisores de 30. Entonces, $D_{30} = \{1, 2, 3, 5, 6, 10, 15, 30\}$
Observa:

(a) 1 es elemento de D_{30}, o sea $1 \in D_{30}$.

(b) $\{2, 3, 5\}$ es el conjunto de divisores primos de 30 y $\{2, 3, 5\} \subseteq D_{30}$.

(c) Los otros elementos de D_{30} son productos diferentes de los primos 2, 3 y 5.

Sea D_{24} el conjunto de divisores de 24. Entonces:

$D_{24} =$ ______ (29)

Observa:

(a) 1 es ______ (30) de D_{24}.

(b) ______ (31) es el conjunto de divisores primos de D_{24}.

EJEMPLO 4.1

(1) $D_{24} \cap D_{30} =$ ______ (32). Este conjunto se denomina el conjunto de los divisores comunes a 24 y 30. ¿Cuál es el elemento mayor de $D_{24} \cap D_{30}$? Este elemento se llama ______ (33).

(2) Si R y S son números naturales y D_R y D_S los conjuntos de sus divisores respectivamente, entonces, ¿por qué $D_R \cap D_S \neq \phi$? El elemento mayor de $D_R \cap D_S$ se llama ______ (34)

(3) Si $D_R \cap D_S = \{1\}$, entonces se dice que R y S son ______ (35)

Otra forma de obtener el divisor mayor común a dos o más números es la siguiente:

(a) Factoriza cada número en potencias de primos.
(b) Escoge todos los primos que son comunes a estas factorizaciones.
(c) Determina la potencia mayor de estos primos que es divisor (o factor) de todos los números dados.
(d) Halla el producto de las potencias que obtuviste en la parte (c).

Si los números no tienen factores primos comunes, entonces el divisor mayor común de los números es 1.

EJEMPLO 4.2

Determinemos el divisor mayor común a 24 y 60:

(a) Factoricemos 24 y 60 como potencias de primos:

24 = ______(36)______ y 60 = ______(37)______

(b) ______(38)______ y ______(39)______ son factores primos comunes a 24 y 60.

(c) ______(40)______ y ______(41)______ son las potencias mayores de los primos que son factores (o divisores) comunes de 24 y 60.

(d) Multiplicamos $2^2 \cdot 3 = 12$, y decimos que 12 es el ______(42)______ de 24 y 60.

Ejercicio 4.1

Halla el divisor mayor común a:

(1) 60 y 150. (2) 54, 144 y 180

A. 5 MULTIPLO MENOR COMUN (M.M.C)

Sea M_{30} el conjunto de los múltiplos positivos de 30:

$M_{30} = \{30, 60, 90, 120, \ldots\}$

Sea M_{24} el conjunto de los múltiplos positivos de 24: M_{24} = ______(43)______

$M_{24} \cap M_{30}$ = ______(44)______ . El elemento menor en $M_{24} \cap M_{30}$ es ______(45)______

Este elemento es el ______(46)______ a 24 y 30.

Otra manera de hallar el múltiplo menor común a dos o más números:

(a) Factoriza cada número como potencias de primos.
(b) Halla el producto de las potencias mayores de los factores primos diferentes. Este producto es el múltiplo menor común a los números dados.

EJEMPLO 5.1

Determinemos el múltiplo menor común a 45 y 105:

(a) Factoriza 45 y 105 como potencias de primos:
45= ______(47)______ y 105= ______(48)______ .

(b) El múltiplo menor común a 45 y 105 es ______(49)______ .

Ejercicio 5.1

Halla el múltiplo menor común a:

(a) 60 y 84

(b) 48, 96 y 120

(c) 20 y 43

(d) 48 y 35

Contestaciones a los blancos

(1) a, b, c, d
(2) naturales
(3) infinito
(4) siete
(5) $b \notin A$
(6) $A \not\subseteq B$
(7) subconjunto
(8) no es un subconjunto
(9) $\not\subseteq$
(10) $\subseteq$
(11) $\subseteq$
(12) {5, 7, 9}
(13) ϕ
(14) $x \in u$ y $x \notin A$
(15) Complemento
(16) {1, 4, 5, ..., 9, 10}
(17) (3,3), (5,2), (5,3), (7,2), (7,3)
(18) D × C = {(2, 1), (3, 1), (2, 3), (3, 3), (2,5), (3, 5), (2, 7), (3, 7)}
(19) factores o divisores
(20) múltiplo
(21) factores o divisores
(22) múltiplo
(23) primos
(24) primos
(25) cuatro
(26) dos
(27) exponente
(28) $2^3 \cdot 3^2 \cdot 5^2$
(29) {1, 2, 3, 4, 6, 8, 12, 24}
(30) elemento
(31) {2, 3}
(32) {1, 2, 3, 6}
El elemento mayor de $D_{24} \cap D_{30}$ es 6

(33) el divisor mayor común de 24 y 30

$D_R \cap D_S \neq \phi$ porque siempre contiene al número 1

(34) el divisor mayor común a R y S

(35) primos entre sí

(36) $2^3 \cdot 3$

(37) $2^2 \cdot 3 \cdot 5$

(38) 2

(39) 3

(40) 2^2

(41) 3^1

(42) divisor mayor común (D.M.C.)

(43) { 24, 48, 72, ...}

(44) {120, 240, 360, ... }

(45) 120

(46) múltiplo menor común (M.M.C.)

(47) $3^2 \cdot 5$

(48) $3 \cdot 5 \cdot 7$

(49) $3^2 \cdot 5 \cdot 7 = 315$

Contestaciones a los Ejercicios

1.1 Sí. No tienen el mismo número de elementos. Uno tiene 10 elementos, otro tiene 4 elementos, y el otro infinidad de elementos.

1.2 (a) { x|x es un número natural impar }
(b) { x|x es un número natural impar menor de 8 }
(c) { x|x es un número natural divisible por 5 }
ó: { x|x es un múltiplo positivo de 5 }
(d) { x|x es un múltiplo positivo de π }

1.3 (a) $\notin$ (b) $\notin$ (c) $\in$ (d) $\in$

1.4 $P \subseteq Q$

1.5 (a) { 5, 10, 15,... } (b) N
(c) { 3, 4, 5,... } (d) { (1, 1), (1, 2), (2, 1), (2, 2) }

2.1 (a) Conmutativa de Multiplicación
(b) Conmutativa y Asociativa de Suma
(c) Distributiva y Conmutativa de Multiplicación

3.1 (1) $1024 = 2^{10}$

(2) a) $2^2 \cdot 7 = 28$ b) $2^3 \cdot 3^3 = 216$

4.1 (1) 30 (2) 18

5.1 (a) 420
(b) 480
(c) 860
(d) 1680

UNIDAD I – ARITMETICA

Subunidad I-B – *Fracciones*

Tópicos:

1- Conceptos fundamentales
2- Comparación de fracciones
3- Multiplicación de fracciones
4- División de fracciones
5- Suma y resta de fracciones

Introducción

En la Subunidad I-A se discutieron las propiedades de la suma y la multiplicación de los números naturales. En general, no podemos llevar a cabo la operación de división en el conjunto de los números naturales y obtener como cociente un número natural, excepto cuando el dividendo es un múltiplo del divisor. En esta sección definiremos un nuevo conjunto que nos resolverá este problema. A este nuevo conjunto lo llamaremos el conjunto de los números racionales positivos, y lo representaremos con el símbolo Q^+

$$Q^+ = \{\frac{a}{b} | a \in N, b \in N\}$$

B. 1 CONCEPTOS FUNDAMENTALES

Una fracción es otra manera de representar una ________ (1). De modo que $p \div q$ ($q \neq 0$) se representa como la fracción ________ (2), *p* es el ________ (3) de la fracción, *q* es el ________ (4). En la fracción $\frac{p}{q}$ ($q \neq 0$) si $p < q$, decimos que la fracción es propia, y si $p \geq q$, la fracción es ________ (5).

EJEMPLO 1.1

$\frac{7}{4}$, $\frac{5}{3}$, $\frac{8}{8}$ son fracciones ________ (6)

$\frac{3}{5}$, $\frac{2}{8}$, $\frac{5}{9}$ son fracciones ________ (7)

Observa que cualquier entero *n* se puede representar como $n \div 1$, ó como la fracción ________ (8). Por ejemplo, el entero 3 se puede representar como $\frac{3}{1}$. Recuerda que $\frac{6}{2}$, $\frac{9}{3}$, $\frac{12}{4}$, ... también son iguales a 3. Esto es, existen infinidad de formas para escribir los números racionales positivos como fraccionarios.

Ejercicio 1.1.

Escribe diez fracciones diferentes que representen el número 8.

En general, el entero *n* se puede representar como una fracción cuyo numerador es *kn* y su denominador es ______ (9). Así,

$$n = \frac{n}{1} = \frac{2n}{2} = \frac{3n}{3} = \ldots\ldots$$

Si N = { n|n es un entero positivo }
y Q^+ ={ x|x es un número racional positivo }
entonces decimos que N es ______ (10) de Q^+. Observa que Q^+ consiste de los números naturales y sus cocientes.

Hemos visto que se puede expresar cualquier entero como una fracción de diferentes formas. Esta propiedad es cierta también para toda fracción $\frac{a}{b}$:

$$\frac{a}{b} = \frac{ak}{bk} \quad (b \neq 0, k \neq 0)$$

Observa que la relación indica que ambas expresiones representan el mismo cociente. Para obtener *fracciones equivalentes a una fracción dada* usamos esta propiedad.

EJEMPLO 1.2

$$\frac{3}{4} = \frac{3 \cdot 2}{4 \cdot 2} = \frac{6}{8}$$

$$\frac{3}{4} = \frac{3 \cdot 5}{4 \cdot 5} = \frac{15}{20}$$

Hemos visto que $\frac{6}{8}$, $\frac{15}{20}$ son otras formas o nombres para la fracción $\frac{3}{4}$. Por eso, $\frac{3}{4}$, $\frac{6}{8}$, $\frac{15}{20}$ son fracciones ______ (11). La fracción $\frac{3}{4}$ está reducida a su expresión mínima, ya que 3 y 4 son ______ (12). Todas las otras fracciones equivalentes a $\frac{3}{4}$ que obtengas no estarán reducidas a su expresión ______ (13), ya que el numerador y el denominador tienen ______ (14).

Veamos otro ejemplo de cómo obtener fracciones equivalentes a una fracción dada:

EJEMPLO 1.3

$$\frac{24}{32} = \frac{6 \cdot 4}{8 \cdot 4} = \frac{6}{8}$$

$\frac{24}{32} = \frac{6}{8}$ ninguna de las fracciones está en su forma reducida

También:

$$\frac{24}{32} = \frac{3 \cdot 8}{4 \cdot 8} = \frac{3}{4}$$

$$\frac{24}{32} = \frac{3}{4}$$

La segunda fracción representa la forma reduciaa de $\frac{24}{32}$

Resumiendo ⇒ Para cualquier fracción hay un número ________(15) de fracciones equivalentes, pero solamente una de ellas está en su forma reducida.

Ejercicio 1.2

Escribe el numerador o el denominador que falta en cada caso.

$$\frac{16}{24} = \frac{\quad}{48} = \frac{48}{\quad} = \frac{\quad}{6} = \frac{2}{\quad}$$

Observa que $\frac{2}{3}$ es la única fracción equivalente a $\frac{16}{24}$ con el numerador y el denominador relativamente primos. Decimos que $\frac{2}{3}$ es la forma ________(16) de la fracción $\frac{16}{24}$

Ejercicio 1.3

(a) Identifica como fracción propia o impropia:

(1) $\frac{4}{16}$ (2) $\frac{7}{5}$ (3) $\frac{3}{7}$ (4) $\frac{8}{8}$

(b) Halla dos fracciones equivalentes a cada una de las siguientes:

(1) $\frac{15}{25}$ (2) $\frac{32}{16}$ (3) $\frac{3}{18}$ (4) $\frac{4}{7}$ (5) $\frac{5}{8}$ (6) $\frac{3}{2}$

(c) Escribe el numerador o denominador que falta:

(1) $\frac{5}{9} = \frac{10}{\quad}$ (2) $\frac{15}{18} = \frac{\quad}{6}$ (3) $\frac{35}{30} = \frac{7}{\quad}$ (4) $\frac{4}{5} = \frac{\quad}{25}$

(d) Reduce cada una de las siguientes fracciones a su expresión mínima:

(1) $\frac{18}{24}$ (2) $\frac{72}{96}$ (3) $\frac{3}{5}$ (4) $\frac{144}{18}$

B.2 COMPARACION DE FRACCIONES

A la pregunta, ¿cuál es mayor: $\frac{2}{5}$ ó $\frac{1}{5}$? la contestación es obvia:

$\frac{2}{5}$ es mayor que $\frac{1}{5}$, esto es, $\frac{2}{5} > \frac{1}{5}$. ¿Cuál es mayor: $\frac{5}{7}$ ó $\frac{3}{7}$?

__________ (17). En estos casos fue fácil hallar las contestaciones porque hicimos las comparaciones entre fracciones __________ (18).

Sin embargo, si la pregunta fuera, ¿cuál es mayor: $\frac{4}{9}$ ó $\frac{5}{11}$? la respuesta no es tan obvia porque estas dos fracciones no tienen el mismo __________ (19).

Recuerda que en la Subunidad I-B.1 expresamos la misma fracción en formas diferentes. Usando este principio, podemos escribir las fracciones dadas como: $\frac{4}{9} = \frac{44}{99}$ y $\frac{5}{11} = \frac{45}{99}$

Como 45 __________ (20) 44, entonces $\frac{45}{99}$ __________ (21) $\frac{44}{99}$ y podemos concluir que $\frac{5}{11}$ __________ (22) $\frac{4}{9}$

En general, comparar fracciones homogéneas es fácil. Cuando las fracciones no lo son, puedes hacerlas homogéneas usando el principio de fracciones equivalentes, y luego comparar los numeradores. Será mayor, la fracción cuyo numerador sea mayor.

NOTA: Observa que al convertir las fracciones dadas en fracciones homogéneas (cuando no lo son), el nuevo denominador será un múltiplo común a los denominadores de las fracciones dadas. El denominador más pequeño que puedes usar para este método de comparar fracciones se llama __________ (23) de los denominadores, o el __________ (24) de las fracciones.

EJEMPLO 2.1

Para las fracciones $\frac{2}{3}$, $\frac{3}{4}$, $\frac{7}{12}$, el múltiplo menor común a 3, 4 y 12 es 12.

Así: $\frac{2}{3} = \frac{8}{12}$, $\frac{3}{4} = \frac{9}{12}$, $\frac{7}{12} = \frac{7}{12}$

entonces: $\frac{3}{4} > \frac{2}{3} > \frac{7}{12}$ escritas en orden descendente (o decreciente)

ó: $\frac{7}{12} < \frac{2}{3} < \frac{3}{4}$ escritas en *orden ascendente* (o creciente)

Ahora, ¿cuál es mayor: $\frac{5}{7}$ ó $\frac{5}{11}$? Recuerda que una fracción es otra manera de expresar una división. En ambos casos el número 5 lo estás dividiendo entre 7 en la primera fracción y entre 11 en la otra. En la división de números positivos entre divisores diferentes, mientras mayor es el divisor, menor es el cociente. Así, $\frac{5}{7} > \frac{5}{11}$. En este caso, $\frac{5}{7}$ representa $5 \div 7$, y $\frac{5}{11}$ representa ____________ (25) . Observa que este método te permite *comparar* dos fracciones *con el mismo numerador.*

EJEMPLO 2.2

Para las fracciones $\frac{2}{3}$, $\frac{3}{4}$, $\frac{7}{12}$ podemos obtener fracciones con el mismo numerador y que sean equivalentes a cada una de estas tres fracciones. El múltiplo menor común a los numeradores 2, 3 y 7 es 42. Así, $\frac{2}{3} = \frac{42}{63}$, $\frac{3}{4} = \frac{42}{56}$, $\frac{7}{12} = \frac{42}{72}$.

Entonces: $\frac{42}{56} > \frac{42}{63} > \frac{42}{72}$

Por lo tanto: $\frac{3}{4} > \frac{2}{3} > \frac{7}{12}$

REGLA

> Para a, b, c positivos:
>
> (1) $\frac{a}{b} > \frac{c}{b}$ si $a > c$
>
> (2) $\frac{a}{b} > \frac{a}{c}$ si $b < c$

Ejercicio 2.1

(a) Escribe en orden creciente (ascendente) las siguientes fracciones:

(1) $\frac{7}{8}$ y $\frac{7}{9}$ (2) $\frac{3}{5}$ y $\frac{7}{5}$

(3) $\frac{5}{9}$ y $\frac{7}{9}$ (4) $\frac{4}{5}$, $\frac{3}{4}$ y $\frac{7}{8}$

(b) Escribe en orden decreciente (descendente) las siguientes fracciones:

(1) $\frac{3}{7}$ y $\frac{3}{5}$ (2) $\frac{3}{7}$, $\frac{5}{9}$ y $\frac{4}{5}$

(c) Halla dos fracciones entre las dos fracciones dadas:

(1) $\frac{5}{13}$ y $\frac{9}{13}$ (2) $\frac{5}{8}$ y $\frac{4}{7}$

B. 3 MULTIPLICACION DE FRACCIONES

Multipliquemos $\frac{2}{5} \cdot \frac{3}{7} = \frac{2 \cdot 3}{5 \cdot 7} = \frac{6}{35}$

En general, para multiplicar fracciones aplicamos la siguiente regla:

$$\boxed{\frac{a}{b} \cdot \frac{c}{d} = \frac{ac}{bd}}$$

El numerador del producto es el producto de los numeradores. Su denominador es el

______ (26)

EJEMPLO 3.1

(a) $\frac{2}{3} \cdot \frac{3}{7} = \frac{2 \cdot 3}{3 \cdot 7} = \frac{6}{21}$

(b) $\frac{1}{5} \cdot \frac{2}{3} \cdot \frac{5}{8} = \frac{1 \cdot 2 \cdot 5}{5 \cdot 3 \cdot 8} = \frac{10}{120}$

Observa que estas contestaciones no están reducidas a su expresión mínima. (¡OJO! Esto no significa que están incorrectas). Podrías simplificarlas:

$$\frac{2}{3} \cdot \frac{3}{7} = \frac{2 \cdot 3}{3 \cdot 7} = \frac{3 \cdot 2}{3 \cdot 7} = \frac{3}{3} \cdot \frac{2}{7} = 1\left(\frac{2}{7}\right) = \frac{2}{7}$$

Al multiplicar dos fracciones que están reducidas a su expresión mínima, su producto no siempre estará en forma reducida. (Refiérase a Ejemplo 3.1). Esto ocurre si cualquier numerador y denominador tienen ______ (27). Podemos obtener el producto en su forma reducida de dos maneras diferentes:

(1) Cancelando antes de efectuar la multiplicación ó
(2) Cancelando después de efectuada la multiplicación

EJEMPLO 3.2

Antes de efectuar la multiplicación: (Véase Ejemplo 3.1)

(a) $\frac{2}{3} \cdot \frac{3}{7} = \frac{2 \cdot \cancel{3}^{1}}{\underset{1}{\cancel{3}} \cdot 7} = \frac{2}{7}$

(b) $\frac{1}{5} \cdot \frac{2}{3} \cdot \frac{5}{8} = \frac{1 \cdot \overset{1}{\cancel{2}} \cdot \overset{1}{\cancel{5}}}{\underset{1}{\cancel{5}} \cdot 3 \cdot \underset{4}{\cancel{8}}} = \frac{1 \cdot 1 \cdot 1}{1 \cdot 3 \cdot 4} = \frac{1}{12}$

Después de efectuada la multiplicación:

(c) $\frac{2}{3} \cdot \frac{3}{7} = \frac{6}{21} = \frac{\overset{1}{\cancel{3}} \cdot 2}{\underset{1}{\cancel{3}} \cdot 7} = \frac{2}{7}$

(d) $\frac{1}{5} \cdot \frac{2}{3} \cdot \frac{5}{8} = \frac{10}{120} = \frac{\overset{1}{\cancel{10}} \cdot 1}{\underset{1}{\cancel{10}} \cdot 12} = \frac{1}{12}$

¿Qué método es mejor? Observa que en el segundo caso, después que multiplicas vuelves a factorizar. Si los números son grandes te puede tomar más tiempo el buscar todos los factores comunes.

EJEMPLO 3.3

$$\frac{12}{35} \cdot \frac{21}{16} = \frac{3 \cdot \overset{1}{\cancel{4}} \cdot 3 \cdot \overset{1}{\cancel{7}}}{5 \cdot \underset{1}{\cancel{7}} \cdot \underset{1}{\cancel{4}} \cdot 4} = \frac{9}{20}$$

$$\frac{12}{35} \cdot \frac{21}{16} = \frac{252}{560} = \frac{28(9)}{28(20)} = \frac{9}{20}$$

Ejercicio 3.1

Multiplica y reduce la contestación a su expresión mínima:

(a) $\frac{2}{5} \cdot \frac{2}{3}$

(b) $2 \cdot \frac{4}{7}$

(c) $\frac{1}{2} \cdot \frac{4}{27} \cdot \frac{3}{8}$

(d) $\frac{3}{4} \cdot \frac{7}{5}$

B. 4 DIVISION DE FRACCIONES

Si dos números *m* y *n* están relacionados de manera que $m \cdot n = 1$, decimos que *m* es el ______ (28) de *n*, y también que *n* es el ______ (29) de *m*.

Así, $\frac{1}{2}$ y 2, $\frac{2}{5}$ y $\frac{5}{2}$, $\frac{3}{6}$ y ______ (30) son recíprocos uno del otro respectivamente. El recíproco de $\frac{c}{d}$ $(c \neq 0.\ d \neq 0)$ es ______ (31). Cero es el único número que no tiene recíproco ni es recíproco de algún número *a*, ya que ______ (32).

Para dividir fracciones en el Ejemplo 4.1 usaremos el concepto de recíproco y las propiedades:

$$\frac{a}{1} = a$$

$$\frac{a}{a} = 1, a \neq 0$$

$$a \cdot 1 = a$$

EJEMPLO 4.1

Halla $\frac{3}{4} \div \frac{2}{5}$

$$\frac{3}{4} \div \frac{2}{5} = \frac{\frac{3}{4}}{\frac{2}{5}} = \frac{\frac{3}{4}}{\frac{2}{5}} \cdot 1 = \frac{\frac{3}{4}}{\frac{2}{5}} \cdot \frac{\frac{5}{2}}{\frac{5}{2}} = \frac{\frac{3}{4} \cdot \frac{5}{2}}{\frac{2}{5} \cdot \frac{5}{2}} = \frac{\frac{3}{4} \cdot \frac{5}{2}}{1} = \frac{\frac{15}{8}}{1} = \frac{15}{8}$$

Siguiendo este procedimiento obtienes la regla de división:

Para b, c, d ≠ 0	*Justificación de cada paso*
$\frac{a}{b} \div \frac{c}{d} = \frac{\frac{a}{b}}{\frac{c}{d}}$	Definición de fracción
$= \frac{\frac{a}{b}}{\frac{c}{d}} \cdot 1$	______________ (33)
$= \frac{\frac{a}{b}}{\frac{c}{d}} \cdot \frac{\frac{d}{c}}{\frac{d}{c}}$	______________ (34)
$= \frac{\frac{a}{b} \cdot \frac{d}{c}}{\frac{c}{d} \cdot \frac{d}{c}}$	______________ (35)

$$= \frac{\frac{a}{b} \cdot \frac{d}{c}}{1} \qquad \underline{\qquad\qquad} \; (36)$$

$$= \frac{a}{b} \cdot \frac{d}{c} \qquad \underline{\qquad\qquad} \; (37)$$

$$= \frac{ad}{bc}$$ Multiplicación de fracciones

REGLA

$$\frac{a}{b} \div \frac{c}{d} = \frac{a}{b} \cdot \frac{d}{c} = \frac{ad}{bc}$$

b, c, d diferentes de 0

EJEMPLO 4.2

(a) $\frac{5}{8} \div \frac{3}{2} = \frac{5}{8} \cdot \frac{2}{3} = \frac{10}{24} \quad (\text{ó } \frac{5}{12})$

(b) $\frac{7}{9} \div \frac{1}{2} = \frac{7}{9} \cdot \frac{2}{1} = \frac{14}{9}$

(c) $\frac{3}{4} \div 3 = \frac{3}{4} \div \frac{3}{1} = \frac{3}{4} \cdot \frac{1}{3} = \underline{\qquad\qquad}$ (38)

(d) $\frac{1}{2} \cdot \frac{3}{4} \div \frac{3}{5} = \underline{\qquad\qquad}$ (39) $= \underline{\qquad\qquad}$ (40)

Ejercicio 4.1

Lleva a cabo la operación indicada. Reduce tu contestación a su expresión mínima:

(a) $\frac{2}{5} \div \frac{1}{4}$

(b) $\dfrac{\frac{21}{30}}{\frac{35}{40}}$

(c) $\frac{12}{15} \div 4$

(d) $\dfrac{\frac{10}{12}}{\frac{6}{14}}$

B. 5 SUMA Y RESTA DE FRACCIONES

Para sumar fracciones con el mismo denominador (es decir, fracciones ______(41)______) usamos la siguiente regla:

$$\frac{a}{c} + \frac{b}{c} = \frac{a+b}{c}$$

EJEMPLO 5.1

(a) $\frac{1}{3} + \frac{2}{3} = \frac{3}{3} = 1$

(b) $\frac{2}{5} + \frac{1}{5} =$ ______(42)______

Sumemos ahora $\frac{1}{3}$ y $\frac{2}{5}$. Para usar la regla de suma obtenemos fracciones homogéneas equivalentes a $\frac{1}{3}$ y $\frac{2}{5}$ respectivamente y efectuamos la suma de la misma forma que lo hicimos en el Ejemplo 5.1. Usemos el número 15, que es un ______(43)______ de 3 y 5:

$$\frac{1}{3} = \frac{5}{15}, \qquad \frac{2}{5} = \frac{6}{15}$$

$$\frac{1}{3} + \frac{2}{5} = \frac{5}{15} + \frac{6}{15} = \frac{5+6}{15} = \frac{11}{15}$$

En general, *solamente* podemos combinar fracciones homogéneas. Si las fracciones originales no lo son, obtenemos fracciones homogéneas equivalentes a cada una de las fracciones dadas y luego efectuamos la operación de adición.

EJEMPLO 5.2

(a) $\frac{3}{4} + \frac{1}{2} + \frac{2}{3} = \frac{9}{12} + \frac{6}{12} + \frac{8}{12} = \frac{23}{12}$

(b) $2 + \frac{6}{5} = \frac{10}{5} + \frac{6}{5} =$ ______(44)______

Para restar fracciones se aplica una regla similar:

$$\frac{a}{c} - \frac{b}{c} = \frac{a-b}{c}$$

EJEMPLO 5.3

(a) $\frac{5}{7} - \frac{3}{7} = \frac{2}{7}$

(b) $\frac{5}{8} - \frac{1}{6} = \frac{15}{24} - \frac{4}{24} = \frac{11}{24}$

Ejercicio 5.1

Efectúa las operaciones indicadas y simplifica tu contestación:

(a) $\frac{1}{2} + \frac{1}{6}$

(b) $\frac{3}{4} + \frac{3}{8}$

(c) $\frac{20}{3} - 4$

(d) $\frac{5}{8} + \frac{2}{7} - \frac{3}{4}$

(e) $\frac{7}{2} \cdot \frac{2}{3} - \frac{5}{6}$

(f) $18(\frac{1}{3} - \frac{1}{6})$

Un número mixto ($3\frac{1}{2}$, $2\frac{1}{3}$, ...) es otra manera de representar aquellas fracciones impropias que no son equivalentes a números enteros.

EJEMPLO 5.4

(a) $2\frac{1}{3} = 2 + \frac{1}{3} = \frac{6}{3} + \frac{1}{3} = \frac{7}{3}$

(b) $4\frac{3}{8} = 4 + \frac{3}{8} =$ ________________ (45)

(c) $\frac{25}{7} = \frac{21}{7} + \frac{4}{7} = 3 + \frac{4}{7} = 3\frac{4}{7}$

Podemos efectuar las operaciones de suma, resta, multiplicación y división de números mixtos cambiando éstos a fracciones impropias y luego usando las reglas correspondientes:

EJEMPLO 5.5

(a) $2\frac{2}{3} \cdot 3\frac{1}{2} = \frac{8}{3} \cdot \frac{7}{2} = \frac{56}{6} = \frac{28}{3}$ (ó $9\frac{1}{3}$)

(b) $3\frac{1}{5} \div \frac{2}{5} = \frac{16}{5} \cdot \frac{5}{2} = \frac{8}{1} = 8$

(c) $3\frac{1}{5} + 2\frac{2}{5} = \frac{16}{5} + \frac{12}{5} = \frac{28}{5}$ (ó $5\frac{3}{5}$)

Ejercicio 5.2

Efectúa las operaciones indicadas:

(a) $1\frac{1}{8} - \frac{3}{5} + 2$

(b) $\frac{5}{8} \div 1\frac{2}{3}$

(c) $3\frac{1}{8} \div 2$

(d) $(3\frac{1}{4} - 1\frac{1}{8}) \div \frac{15}{18}$

Contestaciones a los blancos

(1) división
(2) $\frac{p}{q}$
(3) numerador
(4) denominador
(5) impropia
(6) impropias
(7) propias
(8) $\frac{n}{1}$
(9) k
(10) un subconjunto
(11) equivalentes
(12) primos entre sí
(13) mínima
(14) factores en común
(15) infinito
(16) reducida
(17) $\frac{5}{7} > \frac{3}{7}$
(18) homogéneas
(19) denominador
(20) es mayor que
(21) $>$
(22) $>$
(23) múltiplo menor común
(24) denominador menor común
(25) $5 \div 11$
(26) el producto de los denominadores
(27) un factor común mayor a 1
(28) recíproco
(29) recíproco
(30) $\frac{6}{3}$

(31) $\frac{d}{c}$

(32) $0 \cdot a \neq 1$. pues para toda a, $0 \cdot a = 0$

(33) $a \cdot 1 = a$

(34) $\frac{a}{a} = 1, a \neq 0$

(35) Definición de multiplicación de fracciones

(36) Definición de recíproco

(37) $\frac{a}{1} = a$

(38) $\frac{1}{4}$

(39) $\frac{1}{2} \cdot \frac{3}{4} \cdot \frac{5}{3}$

(40) $\frac{5}{8}$

(41) homogéneas

(42) $\frac{3}{5}$

(43) múltiplo común

(44) $\frac{16}{5}$

(45) $\frac{32}{8} + \frac{3}{8} = \frac{35}{8}$

Contestaciones a los Ejercicios

1.1 $8 = \frac{8}{1} = \frac{16}{2} = \frac{24}{3} = \frac{32}{4} = \frac{40}{5} = \frac{48}{6} = \frac{56}{7} = \frac{64}{8} = \frac{72}{9} = \frac{80}{10}$

1.2 32, 72, 4, 3

1.3 (a) 1) propia 2) impropia 3) propia 4) impropia

(b) 1) $\frac{3}{5}, \frac{30}{50}, \ldots$ 2) $\frac{2}{1}, \frac{64}{32}, \ldots$ 3) $\frac{1}{6}, \frac{6}{36}, \ldots$

4) $\frac{8}{14}, \frac{12}{21}, \ldots$ 5) $\frac{10}{16}, \frac{15}{24}, \ldots$ 6) $\frac{6}{4}, \frac{9}{6}, \ldots$

(c) 1) 18 2) 5 3) 6 4) 20

(d) 1) $\frac{3}{4}$ 2) $\frac{3}{4}$ 3) $\frac{3}{5}$ 4) 8

2.1 (a) 1) $\frac{7}{9} < \frac{7}{8}$ 2) $\frac{3}{5} < \frac{7}{5}$ 3) $\frac{5}{9} < \frac{7}{9}$ 4) $\frac{3}{4} < \frac{4}{5} < \frac{7}{8}$

(b) 1) $\frac{3}{5} > \frac{3}{7}$ 2) $\frac{4}{5} > \frac{5}{9} > \frac{3}{7}$

(c) 1) $\frac{6}{13}$, $\frac{7}{13}$, ó $\frac{8}{13}$ 2) $\frac{33}{56}$ ó $\frac{34}{56}$

3.1 (a) $\frac{4}{15}$ (b) $\frac{8}{7}$ (c) $\frac{1}{36}$ (d) $\frac{21}{20}$

4.1 (a) $\frac{8}{5}$ (b) $\frac{4}{5}$ (c) $\frac{1}{5}$ (d) $\frac{35}{18}$

5.1 (a) $\frac{2}{3}$ (b) $\frac{9}{8}$ (c) $\frac{8}{3}$ (d) $\frac{9}{56}$ (e) $\frac{3}{2}$ (f) 3

5.2 (a) $\frac{101}{40}$ ó $2\frac{21}{40}$ (b) $\frac{3}{8}$

(c) $\frac{25}{16}$ ó $1\frac{9}{16}$ (d) $\frac{51}{20}$ ó $2\frac{11}{20}$

UNIDAD I – ARITMETICA

Subunidad I-C – *Decimales*

Tópicos:

1- Notación decimal
2- Representación decimal de fracciones comunes
3- Suma y resta
4- Multiplicación y división
5- Por cientos

Introducción

En la vida diaria usamos diferentes sistemas de medidas para expresar cantidades. Un sistema, el inglés, usa pulgadas y pies para medidas lineales. Comenzamos con 1", 2", .., y cuando llegamos a 12" decimos que es equivalente a un pie (1'). Si tienes una medida de 25" dices que mide 2'1" (dos pies y una pulgada). ¿Conoces algún sistema que haga algo parecido?

Recuerda el sistema que usas para indicar peso. En éste, decimos que 16 onzas equivalen a una libra. Si Milagros pesa 1600 onzas, decimos que pesa cien libras (100 lbs.).

También tenemos otros sistemas para medir tiempo. Por lo general decimos dos días en vez de decir 48 horas. ¿Puedes pensar en otro sistema de medir tiempo?

La idea de agrupar cantidades usando una base (12 pulgadas, 16 onzas, 24 horas) es muy útil y nos facilita la escritura. El sistema de numeración que más conoces hace uso de este principio tomando el número 10 como base. Por esta razón, lo llamamos *el sistema decimal.*

C. 1 NOTACION Y DEFINICIONES DEL SISTEMA DECIMAL

Todo número entero se puede expresar usando los dígitos 0, 1, 2, 3, ..., 9 y potencias de 10.

EJEMPLO 1.1.

(a) 584 $= 500 + 80 + 4$
$= (5 \times 100) + (8 \times 10) + (4 \times 1)$
$= 5 \times 10^2 + 8 \times 10 + 4 \times 1$

(b) 2739 $= 2000 + 700 + 30 + 9$
$= (2 \times 1000) + (7 \times 100) + (3 \times 10) + (9 \times 1)$
$= 2 \times 10^3 + 7 \times 10^2 + 3 \times 10 + 9 \times 1$

(c) 962 $= 900 + 60 + 2$
$= (9 \times 100) + (6 \times 10) + (2 \times 1)$
$= 9 \times 10^2 + 6 \times 10 + 2 \times 1$

(d) 508 $= 500 + 0 + 8$

$= (5 \times 100) + (0 \times 10) + (8 \times 1)$

$= 5 \times 10^2 + 0 \times 10 + 8 \times 1$

Observa que el número 9 en el Ejemplo (b) no tiene el mismo significado que el número 9 en el Ejemplo (c). En el Ejemplo (b), el número 9 representa 9 unidades, pero en el Ejemplo (c), representa _____(1)_____. Como ves, el valor depende de la posición que ocupa el dígito.

En la siguiente tabla, representaremos las potencias de diez y sus nombres.

TABLA 1

Número	.....	.....	4ta Posición	3ra Posición	2da Posición	1ra Posición
	.....	.....	Millar 1000	Centena 100	Decena 10	Unidad 1
27			0	0	2	7
4008			4	0	0	8

¿Qué significado tiene el 4 en el número 247? Recuerda que $247 = 200 + 40 + 7$. El número 2 ocupa el lugar de las centenas, 4 el de las decenas y 7 el de las _____(2)_____.
Como ves, si cambiamos los dígitos de posición, tendremos números diferentes. Por ejemplo,

TABLA 2

Número	....	....	4ta Posición	3ra Posición	2da Posición	1ra Posición
			Millar	Centena	Decena	Unidad
247			0	2	4	7
742			0	7	4	2
427			0	4	2	7

En el número 5742, 2 está en la primera posición, así representa 2 unidades, 4 está en la ______(3)______ posición y representa 4______(4)______,7 está en la ______(5)______ posición y representa ______(6)______ centenas, y 5 representa______(7)______.

Consideremos ahora el número 444. El mismo símbolo, el 4, aparece en tres posiciones diferentes. Es importante que entiendas que en cada posición representa cantidades diferentes. En la primera posición el 4 representa 4 unidades, en la segunda ______(8)______ y en la tercera ______(9)______ .

RESUMIMOS ⇒ Nuestro sistema de numeración (el sistema decimal) consta de diez símbolos: 0, 1, 2, 3,..., 9. Con estos diez símbolos puedes escribir cualquier número, ya que se le ha asignado un valor a cada posición. (Ver TABLAS 1 y 2).

Ejercicio 1.1

(1) Escribe en forma desarrollada:

(a) 4067 = (b) 1,206,540 =

(2) Escribe usando símbolos:

(a) Cinco mil sesenta y dos
(b) Veinte mil cuatrocientos siete

Vimos en el Ejemplo 1.1 que podemos expresar cualquier entero como una suma de los números 0, 1, 2, 3,.., 9 multiplicados por potencias de 10. De forma análoga podemos representar algunas fracciones como una suma de los números 0, 1, 2, 3, ...9 divididos por potencias de 10.

$$\frac{3}{10} = 3 \times \frac{1}{10}$$

$$\frac{3}{100} = 3 \times \frac{1}{100} = 3 \times \frac{1}{10^2}$$

Usando el valor asignado al número según su posición, como lo hicimos en las Tablas 1 y 2 para los enteros, ahora podemos representar en la Tabla siguiente:

TABLA 3

Décima	Centésima	Milésima	......
$\frac{1}{10}$	$\frac{1}{100}$	$\frac{1}{1000}$	......

Considera el número $42\frac{3}{10}$ que se representa como $42+\frac{3}{10}=40+2+\frac{3}{10}=(4 \times 10)$ $+ (2 \times 1) + (3 \times \frac{1}{10})$. Si usamos la notación decimal ilustrada en las Tablas, otro símbolo para $42\frac{3}{10}$ es "42.3". El punto separa la parte entera de la fraccionaria. Este punto se llama *punto decimal.* Los símbolos a la izquierda del punto decimal representan la parte ______ (10) y los que están a la derecha representan la parte ______ (11). La siguiente Tabla combina las Tablas anteriores:

TABLA 4

Número	. . .	Millar	Centena	Decena	Unidad	Décima	Centésima	Milésima	. . .
		10^3	10^2	10	1	$\frac{1}{10}$	$\frac{1}{100}$	$\frac{1}{1000}$	
38.39		0	0	3	8	3	9	0	
4024.051		4	0	2	4	0	5	1	

NOTA 1.1 Un número entero se puede escribir como:

La parte entera, punto decimal, y tantos ceros a la derecha de éste como desees escribir.

EJEMPLO 1.2

(a) 7 = 7.0 = 7.00 = 7.000. . . .

(b) $\frac{247}{1000} = \frac{200}{1000} + \frac{40}{1000} + \frac{7}{1000}$

$= \frac{2}{10} + \frac{4}{100} + \frac{7}{1000}$

$= (2 \times \frac{1}{10}) + (4 \times \frac{1}{100}) + (7 \times \frac{1}{1000}) = 0.247$

(c) Escribe en forma desarrollada los siguientes números:

(1) Doscientos cincuenta y tres con siete décimas.

$(2 \times 100) +$ ______ (12) + ______ (13) + ______ (14)

(2) 204.013 = ______ + ______ + ______ + ______ + ______ + ______
(15)

NOTA 1.2

Recuerda que los ceros a la derecha del punto decimal a los que no le siguen otros dígitos no cambian el valor del número. Por ejemplo, 6.2 = 6.20 = 6.200 ..... Tampoco cambian el valor del número aquellos ceros a la izquierda del punto decimal que no están precedidos por dígitos diferentes de 0. Por ejemplo, .6 = 0.6 = 00.6 = ...

Ejercicio 1.2

(1) Usando la Tabla 4, escribe en forma desarrollada los siguientes números:

(a) 729 (b) 53.64

(c) 3087.012 (d) 0.30

(2) Escribe 0.34 como una fracción propia.

(3) Escribe el nombre de los siguientes números:

(a) 27.048 (b) 5100.409

(c) 207.0806

(4) Escribe en símbolos los siguientes números:

(a) Treinta y ocho con cuatro milésimas
(b) Setecientos cuarenta y cinco diez milésimas
(c) Veintiocho con treinta milésimas

C. 2 REPRESENTACION DECIMAL DE LAS FRACCIONES

Ahora que tenemos dos representaciones de un mismo número, la fraccionaria y la decimal, cabe la pregunta, ¿Cuál es la relación entre el conjunto de las fracciones comunes y el conjunto de las fracciones decimales?

Esta pregunta podemos contestarla fácilmente si recordamos que $\frac{p}{q} = p \div q$ y además, que todo entero p se puede escribir en la forma:

$$p = p.000....$$

Para escribir $\frac{p}{q}$ como un decimal basta con dividir la expresión p.000... entre q, es decir,

$$q \overline{)\, p.0000...}$$

EJEMPLO 2.1

(a) $\frac{1}{2}$ es equivalente a $2 \overline{)1.000...}$ con cociente $0.5000...$

Esto es, $\frac{1}{2} = 0.500...$

(b) $\frac{2}{3}$ es equivalente a $3 \overline{)2.000...}$ con cociente $0.666...$

Esto es, $\frac{2}{3} = 0.666...$

(c) $\frac{3}{11}$ es equivalente a $11 \overline{)3.000...}$ con cociente $0.2727...$

Esto es, $\frac{3}{11} = 0.2727...$

Nota en particular que todas estas representaciones se caracterizan porque de cierto lugar decimal en adelante ocurre una repetición. En cada uno de estos números vemos que cierto número de dígitos se repite infinitas veces. Para expresar esta repetición usamos la siguiente notación:

$$0.500... = 0.5\overline{0}$$

$$0.666... = 0.\overline{6}$$

0.2727... = ________ (16)

En el caso de 0.500... podemos decir que además de esta representación infinita, tiene una representación finita, ya que

$$0.5\overline{0} = 0.5 \quad \text{(Vea NOTA 1.2)}$$

Todas las fracciones tienen una representación decimal ________ (17) pero en los casos en que de cierto lugar en adelante sólo se repite el cero, tienen una representación decimal ________ (18).

¿Es repetitiva la representación decimal de toda fracción? La contestación es afirmativa, ya que al expresar $\frac{p}{q}$ como $q \overline{)p.000...}$ los posibles residuos en el proceso de división por q son los enteros menores que q, esto es, $\{0, 1, 2, ... q-1\}$. Aunque el proceso de división no termina, el número de residuos es finito. Por eso, de determinado lugar en adelante, los residuos tienen que repetirse, y por ende, el cociente.

Obtengamos la representación decimal de $\frac{2}{7}$. El conjunto de posibles residuos que obtenemos al dividir 2.000... entre 7 es $\{0, 1, 2, 3, 4, 5, 6\}$. En el momento en que uno de estos residuos se repite comienza el proceso de repetición en el cociente. Observemos los residuos en el siguiente caso:

$$
\begin{array}{llr}
 & 0.285714 & \\
7 & \overline{)\,2.000000000000\ldots} & 20 \div 7 \\
 & \underline{\;14\;} & \\
 & \;\;60 & 60 \div 7 \\
 & \;\;\underline{56} & \\
 & \;\;\;40 & 40 \div 7 \\
 & \;\;\;\underline{35} & \\
 & \;\;\;\;50 & 50 \div 7 \\
 & \;\;\;\;\underline{49} & \\
 & \;\;\;\;\;10 & 10 \div 7 \\
 & \;\;\;\;\;\;\underline{7} & \\
 & \;\;\;\;\;\;30 & 30 \div 7 \\
 & \;\;\;\;\;\;\underline{28} & \\
 & \;\;\;\;\;\;\;20 & 20 \div 7
\end{array}
$$

Esta parte del proceso de división de 2 entre 7 se repite

Decimos que $\frac{2}{7} = 0.\overline{285714}$.

Proposición

Toda fracción se puede expresar como un decimal infinito repetitivo o periódico. Si de cierto lugar en adelante, sólo se repite el cero, la fracción tiene además una representación finita.

Ejercicio 2.1

Halla la representación decimal de las siguientes fracciones y determina si tienen una representación finita.

(a) $\frac{1}{3}$	(b) $\frac{1}{4}$	(c) $\frac{2}{5}$
(d) $\frac{2}{9}$	(e) $\frac{3}{100}$	(f) $\frac{127}{1000}$
(g) $\frac{42}{5}$	(h) $\frac{27}{11}$	(i) $\frac{16}{13}$

Hasta ahora hemos visto que toda fracción puede expresarse como un decimal periódico infinito. ¿Es el recíproco cierto?

Esto es, dado un decimal periódico infinito, ¿podremos representarlo como una fracción? En el caso en que tenemos una representación decimal finita es fácil ver que la contestación es cierta; por ejemplo, $.23 = \frac{23}{100}$. El caso de una representación periódica lo demostraremos en la sección C.4.

EJEMPLO 2.2

(a) $0.3 = 3 \times \frac{1}{10} = \frac{3}{10}$

(b) $0.35 = (3 \times \frac{1}{10}) + (5 \times \frac{1}{100}) = \frac{3}{10} + \frac{5}{100} = \frac{35}{100}$

(c) 0.357 = ______ (19)

Ejercicio 2.2

Escribe la fracción común que corresponde a cada uno de los siguientes decimales:

(a) 0.27
(b) 0.102
(c) 2.5

C.3 SUMA Y RESTA DE DECIMALES

Para entender las operaciones de suma y resta de decimales, es necesario recordar dos cosas: Primero, la importancia de la posición en la notación decimal y segundo, que podemos combinar fracciones sólo si tienen el mismo ______ (20).

EJEMPLO 3.1

(a) 0.37 + 0.12

$0.37 = \frac{3}{10} + \frac{7}{100}$ y $0.12 = \frac{1}{10} + \frac{2}{100}$

$$\begin{aligned} 0.37 + 0.12 &= (\frac{3}{10} + \frac{7}{100}) + (\frac{1}{10} + \frac{2}{100}) \\ &= (\frac{3}{10} + \frac{1}{10}) + (\frac{7}{100} + \frac{2}{100}) \\ &= \frac{4}{10} + \frac{9}{100} = 0.49 \end{aligned}$$

También podríamos decir:

$$0.37 + 0.12 = \frac{37}{100} + \frac{12}{100} = \frac{49}{100} = 0.49$$

(b) 0.024 + 0.35

$$0.024 = \frac{2}{100} + \frac{4}{1000} \text{ y } \quad 0.35 = \frac{3}{10} + \frac{5}{100}$$

$$0.024 + 0.35 = \frac{3}{10} + \left(\frac{2}{100} + \frac{5}{100}\right) + \frac{4}{1000}$$

$$= \frac{3}{10} + \frac{7}{100} + \frac{4}{1000} = 0.374$$

Es cierto que no usas este procedimiento cada vez que sumas (o restas) decimales, pero el proceso es equivalente. Veamos:

$$\begin{array}{r} 0.024 \\ +\ 0.35 \\ \hline 0.374 \end{array} \qquad \text{(Recuerda que } 0.35 = 0.350\text{)}$$

¿Qué hicimos? A 4 milésimas le sumamos ________ (21) ________ milésimas, a 2 centésimas le sumamos ________ (22) ________ y a ________ (23) ________ le sumamos ________ (24) ________. Observa que el punto nos señala cómo colocar los sumandos.

Para sumar o restar decimales, usamos el siguiente *algoritmo:*

(1) Escribimos los sumandos colocando los puntos decimales uno debajo del otro, de manera que las posiciones correspondientes queden en la misma columna.

(2) Efectuamos la suma o resta de la misma manera que lo hicimos con los enteros.

EJEMPLO 3.2

(a) 3.2 + 0.04 + 21.236

$$\begin{array}{r} 3.2 \\ 0.04 \\ 21.236 \\ \hline 24.476 \end{array} \qquad \text{ó} \qquad \begin{array}{r} 3.200 \\ 0.040 \\ 21.236 \\ \hline 24.476 \end{array}$$

Fíjate que está más claro en la segunda columna.

(b) 15.47 + 0.7

$$\begin{array}{r} 15.47 \\ 0.70 \\ \hline 16.17 \end{array}$$

Observa que $\frac{4}{10} + \frac{7}{10} = \frac{11}{10} = 1\frac{1}{10} = 1 + \frac{1}{10} = 1.1$

(c) 0.245 − 0.207

$$\begin{array}{r} 0.245 \\ -\ 0.207 \\ \hline 0.038 \end{array}$$

Recuerda: $\frac{245}{1000} - \frac{207}{1000} = \frac{38}{1000} = 0.038$

Ejercicio 3.1

Efectúa las operaciones indicadas:

(a) 300.1 + 4.76 + 22.032

(b) 4.85 + 2 + 3.086

(c) 4.902 − 1.31

(d) 4 − 0.003

Para combinar decimales y fracciones es necesario cambiar a formas equivalentes en fracciones comunes o decimales, y efectuar la operación señalada.

EJEMPLO 3.3

(a) $0.3 + \frac{1}{2} =$

Usando fracciones, tenemos $\frac{3}{10} + \frac{1}{2} = \frac{3}{10} + \frac{5}{10} = \frac{8}{10}$

Usando decimales, tenemos $0.3 + \frac{1}{2} = 0.3 + 0.5 = 0.8$

Observa que $0.8 = \frac{8}{10}$

En general, es más fácil cambiar a decimales que a fracciones comunes:

(b) $\frac{3}{4} + 1.32 = 0.75 + 1.32$

$= 2.07$

(c) $2.45 + 1\frac{1}{3} = 2.45 + 1.3$

$= 2.45 + 1.333\ldots$

$= 3.7833\ldots$

$= 3.78\bar{3}$

(d) $\frac{5}{2} - 0.07 = 2.50 - 0.07 = 2.43$

Ejercicio 3.2

Efectúa las operaciones indicadas:

(a) $\frac{2}{5} + 3.72$

(b) $5 + \frac{7}{8} + 0.028$

(c) $3\frac{1}{4} - 0.29$

(d) $0.87 - \frac{2}{9}$

C.4 MULTIPLICACION Y DIVISION DE DECIMALES

Para entender mejor la multiplicación y división de decimales, vamos a considerar primero los siguientes ejemplos:

EJEMPLO 4.1

$3.0 \times 10 = 30.0$	$30.0 \div 10 = 3.0 = 3$
$3.0 \times 100 = 300.0$	$300.0 \div 100 = 3.00 = 3$
$3.0 \times 1000 = 3000.0$	$3000.0 \div 1000 = 3.000 = 3$

Observa que esto resulta en la siguiente *regla*.

REGLA I

(1) Multiplicar un número por una potencia entera positiva de 10 equivale a mover el punto decimal hacia la derecha tantos sitios como indique el exponente de la potencia.

(2) Dividir un número por una potencia entera positiva de 10 equivale a mover el punto decimal a la izquierda tantos sitios como indique el exponente de la potencia.

Veamos el siguiente ejemplo:

EJEMPLO 4.2

(a) $0.54 \times 10 = \frac{54}{100} \times \frac{10}{1} = 5.4$

(b) $0.54 \times 1000 = \frac{54}{100} \times \frac{1000}{1} = 54 \times 10 = 540$

(c) $0.54 \div 10 = \frac{54}{100} \times \frac{1}{10} = \frac{54}{1000} = \frac{54}{10^3} = 0.054$

(d) $0.54 \div 100 = \frac{54}{100} \times \frac{1}{100} = \frac{54}{10000} = \frac{54}{10^4} = 0.0054$

Ejercicio 4.1

(a) Multiplica cada uno de los siguientes números:

(1) Por 100 y (2) Por 1000000

(i) 4.29 (ii) .00287

(iii) 50.02 (iv) 428.698

(b) Divide cada uno de los siguientes números:

(1) Entre 10 y (2) Entre 1000

(i) 1.834 (ii) 19.74

(iii) 0.00378 (iv) 1000.2

Usando la Regla I, el hecho de que un decimal se puede expresar como una fracción y las reglas de multiplicar fracciones, veremos cómo multiplicamos decimales en el próximo ejemplo:

EJEMPLO 4.3

(a) $0.53 \times 1.6 = \frac{53}{100} \times \frac{16}{10} = \frac{(53 \times 16)}{(10^2 \times 10)} = \frac{848}{10^3} = 0.848$

(b) 0.04 X .231 = ______X______ (25) = ____________ (26)

Hemos visto que cuando un decimal se expresa como una fracción cuyo numerador es un entero y su denominador una potencia de 10, podemos usar el método que conocemos para multiplicar fracciones.

Resumiendo ⇒ (1) Expresa los decimales como fracciones.
(2) Multiplica esas fracciones como aprendiste a hacerlo en la sección B.3.
(3) Aplica las propiedades que estudiaste sobre división entre potencias de 10 para expresar tu contestación como un decimal.

Para multiplicar decimales no tenemos que efectuar estos pasos, pero de aquí obtenemos un *algoritmo* más sencillo.

(1) Multiplica los números como si fueran enteros.
(2) Suma el número de sitios decimales en ambos números para fijar el punto decimal.

EJEMPLO 4.4

0.53 X 1.6

0.53 ⇒ Dos sitios decimales
1.6 ⇒ Un sitio decimal

El producto de 0.53 X 1.6 tendrá tres lugares decimales.

Multiplica los enteros:

$$\begin{array}{r} 53 \\ \times\ 16 \\ \hline 318 \\ 53 \\ \hline 848 \end{array}$$

Así, 0.53 X 1.6 = 0.848

Ejercicio 4.2

Multiplica:

(a) 1.07 X 0.63 (b) 24.9 X 0.02
(c) 100.20 X 6 (d) 3.4 X 2.48

Para dividir usamos este mismo principio. Dividimos los enteros y fijamos el punto decimal.

EJEMPLO 4.5

$$0.405 \div 0.03 = \frac{405}{1000} \div \frac{3}{100} = \left(\frac{405}{1000}\right) \times \left(\frac{100}{3}\right) = \left(\frac{405}{3}\right) \times \left(\frac{100}{1000}\right)$$

$$= 135 \times \frac{1}{10} = 13.5$$

Sin embargo, usualmente simplificamos este procedimiento de la manera siguiente:

(1) Conviertes el divisor en un entero (multiplicando por la potencia de 10 necesaria).

(2) Multiplicas el dividendo por la misma potencia de 10. Esto te permite fijar el punto decimal en el cociente: lo colocamos en la misma posición en que ahora aparece en el dividendo.

(3) Efectuamos la división por un divisor entero.

EJEMPLO 4.6

(a) $0.405 \div 0.03 = \frac{0.405}{0.03} \times \frac{100}{100} = \frac{40.5}{3} = 13.5$

(b) $1.728 \div 1.2$ ⇒

```
          1.44
  1.2 ⌒ | 1.7⌒28
          12
          ---
           52
           48
           ---
            48
            48
            --
             0
```

Observa: El cambiar el punto decimal según indicado en la división quiere decir que multiplicamos por 10 el divisor y el dividendo para convertir el divisor en entero.

(c) $0.2 \div 0.003$ ⇒

```
              66.6
  0.003⌒ | .200⌒0
```

Observa: Aquí multiplicamos por 1000 el divisor y el dividendo.

Ejercicio 4.3

Divide:

(a) $7.01 \div 0.4$ (b) $49.2 \div 0.02$

(c) $1000.03 \div 6$ (d) $5.4 \div 0.05$

Recuerda que en la sección C.2 vimos que la representación decimal de toda fracción es __________ (27).

Estamos listos para ver por qué el recíproco es cierto. Esto es, todo decimal periódico corresponde a una __________ (28). Veamos el siguiente ejemplo:

EJEMPLO 4.7

(a) Para escribir 0.3 como una fracción hacemos lo siguiente: Llamemos a esta fracción *n*: $n = 0.\overline{3} = 0.33\ldots$ ¿Cuánto será 10 veces *n*?

$$\begin{aligned} 10 \times n &= 0.33\ldots \times 10 \\ 10n &= 3.33\ldots \quad \text{(Recuerda cómo multiplicamos por 10)} \\ n &= 0.33\ldots \end{aligned}$$

Si a 10n le restas n, obtienes 9n:

$$\begin{aligned} 10n &= 3.33\ldots \\ -n &= -0.33\ldots \\ \hline 9n &= 3.000 \end{aligned}$$

Si $9n = 3.0$ entonces, $n = \frac{3}{9} = \frac{1}{3}$

(b) Hallemos la fracción que corresponde a 0.1717...

$n = 0.1717\ldots$ Entonces, $100n =$ __________ (29)

Observa que en este caso se repiten dos dígitos y multiplicamos por 100. Veamos ahora:

$$\begin{aligned} 100n &= 17.1717\ldots \\ -\ n &= -0.1717\ldots \\ \hline 99n &= \_\_\_\_\_\_ \ (30) \\ n &= \_\_\_\_\_\_ \ (31) \end{aligned}$$

(c) En algunos casos tenemos que usar nuestro ingenio para eliminar la parte repetitiva. Veamos cómo hallar la fracción que corresponde a 0.544...

$n = 0.544\ldots$ $\qquad 10n = 5.44\ldots$ $\quad 100n =$ __________ (32)

Aquí restamos: $100n - 10n$:

$$\begin{aligned} 100n &= 54.44\ldots \\ -\ 10n &= -5.44\ldots \\ \hline \_\_\_\_\_\_ \ (33) &= \_\_\_\_\_\_ \ (34) \end{aligned}$$

Entonces, $n =$ __________ (35)

Resumiendo: (a) Observa el patrón repetitivo en cada caso.
(b) Escribe n = al número dado.
(c) Multiplica por la potencia de 10 conveniente.
(d) Resta para eliminar la parte que se repite.
(e) Divide para obtener el valor de *n* como fracción.

Ejercicio 4.4.

Halla la fracción equivalente a:

(a) 0.77. . . (b) 0.1515. . .
(c) 0.233...

C.5 POR CIENTOS

Uno de los usos más comunes de las fracciones y decimales es el concepto de ***por cientos.*** Frecuentemente hablamos del por ciento obtenido en un examen, por ciento de desempleo, por ciento de aumento en precios, por ciento de aumento en el costo de vida. Se usa además en los intereses bancarios, descuentos de ventas, intereses hipotecarios, contribuciones sobre ingresos y comisiones sobre ventas. Como vemos, es un concepto muy útil en nuestro diario vivir.

Aunque no habíamos hablado de por cientos directamente, esto no es nuevo, ya que ésta es otra forma de expresar una fracción o un decimal.

Así, entendemos que *uno por ciento* es lo mismo que una centésima parte del entero. Esto es, $1\% = \frac{1}{100}$, y $n\% = \frac{n(1)}{100} = \frac{n}{100}$

REGLA $\boxed{n\% = \frac{n}{100}}$

EJEMPLO 5.1

(a) $50\% = \frac{50}{100} = 0.50$

(b) $25\% = \frac{25}{100} =$ ________ (36)

(c) $3\% =$ ________ (37) $= 0.03$

(d) $200\% = \frac{200}{100} =$ ________ (38)

(e) 27.5% ________ (39) $= 0.275$

(f) $\frac{1}{2}\%$ = 0.5% = $\underset{(40)}{\rule{3cm}{0.4pt}}$ = $\underset{(41)}{\rule{3cm}{0.4pt}}$

Usando estos seis ejemplos, podemos construir la siguiente tabla de equivalencias:

TABLA 5

Por Ciento	Fracción	Decimal
50%	$\frac{1}{2}$	0.5
25%	$\frac{1}{4}$	0.25
3%	$\frac{3}{100}$	0.03
200%	2	2.00
27.5%	$\frac{275}{1000}$	0.275
$\frac{1}{2}\%$	$\frac{5}{1000}$	0.005

Observa que cada por ciento se puede escribir en sus formas equivalentes $\underset{(42)}{\rule{3cm}{0.4pt}}$ o $\underset{(43)}{\rule{5cm}{0.4pt}}$. De igual forma, podemos representar una fracción o un decimal como $\underset{(44)}{\rule{4cm}{0.4pt}}$.

Ejercicio 5.1

Escribe los números que faltan en los siguientes:

Ilustración: $0.31 = \frac{31}{100} = 31\left(\frac{1}{100}\right) = 31\%$

(a) $0.6 = \frac{\rule{1.5cm}{0.4pt}}{10} = \frac{\rule{2cm}{0.4pt}}{100} = \rule{2cm}{0.4pt}\%$

(b) $1.5 = \frac{15}{10} = \frac{\rule{1.5cm}{0.4pt}}{100} = \rule{4cm}{0.4pt}\%$

(c) $0.0004 = \frac{4}{\rule{1.2cm}{0.4pt}} = \frac{4}{100}(\quad) = \rule{2cm}{0.4pt}\%$

(d) $0.\overline{3} = 0.3333\ldots = 33.\overline{33}\left(\frac{1}{100}\right) = \rule{1cm}{0.4pt}\%$

(e) $0.\overline{25} = .252525... = (\quad)(\frac{1}{100}) = \text{—}\%$

Observa que a veces la fracción se puede cambiar fácilmente a una fracción equivalente con denominador cien, como:

$$\frac{1}{2} = \frac{50}{100} = 50\%$$

De otro modo, siempre se puede cambiar la fracción a decimal y luego de decimal a por ciento.

Ejercicio 5.2

Llena los blancos a continuación:

Por Ciento	Decimal	Fracción
12%		
	0.375	
		$\frac{4}{5}$
		$\frac{2}{3}$
	2.48	
500%		

Debido a que el por ciento tiene muchas aplicaciones, tanto en la ciencia como en la vida diaria, es muy importante entender como se usa. Consideremos los siguientes tres ejemplos que representan las posibles aplicaciones:

(a) Un examen tiene 50 preguntas. Si Juan tiene 36 contestaciones correctas, ¿qué por ciento obtuvo Juan en el examen?

(b) Si María obtuvo 80% en un examen de 50 preguntas, ¿cuántas preguntas contestó correctamente?

(c) Si Pedro contestó correctamente 45 preguntas en un examen y obtuvo 75%, ¿cuántas preguntas tenía el examen?

Antes de contestar estos tres ejemplos deben ustedes observar la diferencia que existe en cada uno de ellos. En cada uno de los ejercicios hay tres cantidades envueltas, que son:

(1) El por ciento obtenido en el examen.
(2) El número de preguntas correctas.
(3) El número total de preguntas en el examen.

La fórmula que relaciona estas tres cantidades es la siguiente:

$$\text{Nota en \% del examen} = \frac{\text{número de preguntas correctas}}{\text{número total de preguntas}}$$

Veamos las soluciones a los ejercicios:

(a) Nota del examen en % $= \dfrac{36}{50} = \dfrac{72}{100} =$ ______ (45) %

(b) Sea c el número de preguntas correctas:

$$80\% = \frac{\text{número de preguntas correctas}}{50}$$

$$\text{Entonces, } \frac{80}{100} = \frac{c}{50}$$

$$\frac{40}{50} = \frac{c}{50}$$

c = ______ (46) preguntas correctas.

(c) $$75\% = \frac{45}{\text{total de preguntas}}$$

$$\frac{75}{100} = \frac{45}{t}$$

$$\frac{3}{4} = \frac{45}{t}$$

t = total de preguntas = ______ (47)

La regla general que hemos usado es:

$$\text{Razón de Por Ciento} = \frac{\text{Parte del Total}}{\text{Total}}$$

Ejercicio 5.3

(a) El equipo A tiene un récord de nueve juegos ganados en 20 jugados. El equipo B tiene once ganados en 25 jugados. ¿Cuál equipo tiene el mejor promedio?

(b) Una familia usa el 40% de su ingreso mensual en comida. Si ellos gastan $300.00 mensuales en comida, ¿cuál es su ingreso mensual?

(c) Si $\frac{3}{8}$ de los estudiantes en una clase de historia fracasaron en el examen, ¿qué por ciento de la clase aprobó el examen?

(d) Una casa de $50,000.00 se alquila por $350.00 mensuales. ¿Qué por ciento del valor de la casa es el alquiler mensual?

(e) Si una tienda tiene una venta especial con descuento de 10%, ¿cuánto ahorras al comprar un par de zapatos marcados originalmente en $35.00?

(f) El 20% de un compuesto químico es sodio. ¿Cuántos gramos de sodio hay en 23 gramos de este compuesto?

Contestaciones a los blancos

(1) 9 centenas
(2) unidades
(3) segunda
(4) decenas
(5) tercera
(6) 7 centenas
(7) 5 millares
(8) 4 decenas
(9) 4 centenas
(10) entera
(11) no entera (fraccional, decimal)
(12) 5×10
(13) 3×1
(14) $7 \times \frac{1}{10}$
(15) $2 \times 100 + 0 + 4 \times 1 + 0 + 1 \times \frac{1}{100} + 3 \times \frac{1}{1000}$
(16) $0.\overline{27}$
(17) infinita
(18) finita
(19) $3 \times \frac{1}{10} + 5 \times \frac{1}{100} + 7 \times \frac{1}{1000}$
(20) denominador
(21) cero
(22) cinco centésimas
(23) cero décimas
(24) tres décimas
(25) $\frac{4}{100} \times \frac{231}{1000}$
(26) $\frac{924}{100{,}000} = .00924$
(27) periódica
(28) fracción

(29) 17.1717...
(30) 17
(31) $\frac{17}{99}$
(32) 54.44. . . .
(33) 90n
(34) 49
(35) $\frac{49}{90}$
(36) 0.25
(37) $\frac{3}{100}$
(38) 2
(39) $\frac{27.5}{100}$
(40) $\frac{.5}{100}$
(41) .005
(42) fracción
(43) decimal
(44) por ciento
(45) 72
(46) 40
(47) 60

Contestaciones a los ejercicios

1.1 (1) a) $4000 + 0 + 60 + 7$

$4 \times 1000 + 0 \times 100 + 6 \times 10 + 7 \times 1$

$4 \times 10^3 + 0 \times 10^2 + 6 \times 10 + 7$

b) $1 \times 1{,}000{,}000 + 2 \times 100{,}000 + 0 + 6 \times 1000 + 5 \times 100 + 4 \times 10 + 0$

$1 \times 10^6 + 2 \times 10^5 + 0 \times 10^4 + 6 \times 10^3 + 5 \times 10^2 + 4 \times 10 + 0 \times 1$

(2) a) 5,062 b) 20,407

1.2 (1) a) $7 \times 100 + 2 \times 10 + 9 \times 1$

b) $5 \times 10 + 3 \times 1 + 6 \times \frac{1}{10} + 4 \times \frac{1}{100}$

c) $3 \times 1000 + 0 + 8 \times 10 + 7 \times 1 + 0 + 1 \times \frac{1}{100} + 2 \times \frac{1}{1000}$

d) $3 \times \frac{1}{10} + 0$

(2) $3 \times \frac{1}{10} + 4 \times \frac{1}{100} = \frac{3}{10} + \frac{4}{100}$

$$= \frac{30}{100} + \frac{4}{100} = \frac{34}{100} = \frac{17}{50}$$

(3) a) veintisiete con cuarenta y ocho milésimas
b) cinco mil cien con cuatrocientos nueve milésimas
c) doscientos siete con ochocientos seis diez milésimas

(4) a) 38.004
b) .0745
c) 28.030

2.1 (a) $0.33 = 0.\overline{3}$
(b) 0.25 Tiene representación decimal finita.
(c) 0.4 Tiene representación decimal finita.
(d) $0.22 = 0.\overline{2}$
(e) 0.03 Tiene representación decimal finita.
(f) 0.127 Tiene representación decimal finita.
(g) 8.4 Tiene representación decimal finita.
(h) $2.\overline{45}$
(i) $1.\overline{230769}$

2.2 (a) $2 \times \frac{1}{10} + 7 \times \frac{1}{100} = \frac{2}{10} + \frac{7}{100}$

$$= \frac{20}{100} + \frac{7}{100} = \frac{27}{100}$$

(b) $1 \times \frac{1}{10} + 0 \times \frac{1}{100} + 2 \times \frac{1}{1000} = \frac{100}{1000} + \frac{2}{1000}$

$$= \frac{102}{1000} = \frac{51}{500}$$

(c) $2 \times 1 + 5 \times \frac{1}{10} = \frac{2}{1} + \frac{5}{10} = \frac{20}{10} + \frac{5}{10}$

$$= \frac{25}{10} = \frac{5}{2}$$

3.1 (a) 326.892
(b) 9.936
(c) 3.592
(d) 3.997

3.2 (a) 4.12
(b) 5.903
(c) 2.96
(d) $0.64\overline{7}$

4.1 (a)

1) Por 100	2) Por 1,000,000
(i) 429	(i) 4,290,000
(ii) 0.287	(ii) 2870
(iii) 5002	(iii) 50, 020, 000
(iv) 42869.8	(iv) 428,698,000

(b)

1) Entre 10	2) Entre 1000
(i) .1834	(i) .001834
(ii) 1.974	(ii) .01974
(iii) .000378	(iii) .00000378
(iv) 100.02	(iv) 1.0002

4.2 (a) 0.6741 (b) 0.498
(c) 601.20 (d) 8.432

4.3 (a) 17.525
(b) 2460
(c) $166,67\overline{16}$
(d) 108

4.4 (a) $\frac{7}{9}$
(b) $\frac{5}{33}$
(c) $\frac{7}{30}$

5.1 (a) 6, 60, 60
(b) 150, 150
(c) 10000, $\frac{1}{100}$, .04
(d) $33.\overline{3}$
(e) $25.25\overline{25} = 25.\overline{25}$

5.2

Por Ciento	Decimal	Fracción
12%	.12	$\frac{3}{25}$
37.5%	0.375	$\frac{3}{8}$
80%	.8	$\frac{4}{5}$
66.6%	.6	$\frac{2}{3}$
248%	2.48	$\frac{62}{25}$
500%	5	$\frac{5}{1}$

5.3 (a) el equipo A
(b) $750.00
(c) 62.5%
(d) 0.7%
(e) $3.50
(f) 4.6 gramos de sodio

UNIDAD I – ARITMETICA

Subunidad I-D – *Los números reales*

Tópicos:

1- Conceptos básicos
2- Radicales
3- Propiedades de los números reales
4- Operaciones con números con signos
5- Orden de las operaciones

Introducción

En subunidades anteriores hemos estudiado los números racionales positivos y sus propiedades. Ahora estableceremos una correspondencia entre estos números y algunos puntos en una recta.

¿Cuántos puntos hay en una recta? ¿Cuántos números reales hay?

¿En cuál de estos dos conjuntos hay más elementos?

Al finalizar esta Subunidad podremos contestar estas preguntas.

D.1 CONCEPTOS BASICOS

Empecemos dibujando una recta:

Seleccionemos un punto en ella y llamémoslo P_0

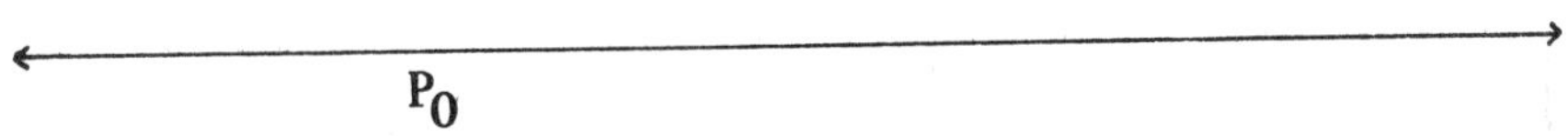

Escojamos un segmento arbitrario AB cuya medida llamamos la unidad. Indicamos el largo del segmento AB con la notación $m(\overline{AB})$.

Empezando en P_0, colocamos este segmento en forma sucesiva a lo largo de la recta:

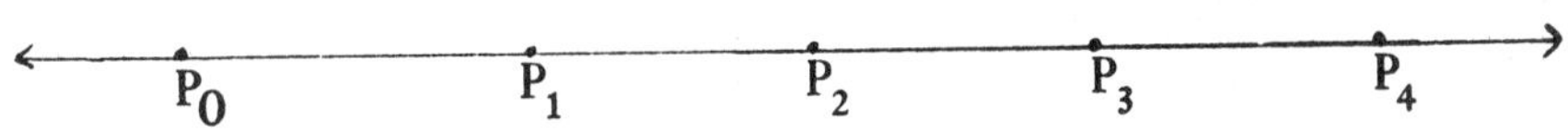

Hemos determinado un conjunto de puntos $\{P_0, P_1, P_2, \ldots\}$ de modo que la distancia entre cualesquiera dos puntos consecutivos es una unidad. Esto es, $m(P_0P_1) \doteq m(P_1P_2) = \ldots = 1$.

Con P_1 asociamos el entero 1,

Con P_2 asociamos el entero 2,

•

•

Con P_n asociamos el entero _____(1)_____ .

Hemos establecido una correspondencia que asigna a cada entero positivo un punto. Pero observa que entre dos puntos que corresponden a dos enteros positivos consecutivos hay un número infinito de puntos a los cuales no les hemos asignado ningún número. Además, tenemos números a los cuales no les hemos asignado puntos en la recta. Estableceremos ahora una correspondencia que asigna a cada número fraccionario positivo un punto en la recta.

EJEMPLO 1.1.

(a) Halla el punto Q que corresponde al número racional $\frac{7}{4}$

(1) Expresamos $\frac{7}{4}$ como $1\frac{3}{4}$. ($1\frac{3}{4} = 1 + \frac{3}{4}$)

(2) Esto significa que el punto que corresponde a $\frac{7}{4}$ está entre los puntos P_1 y P_2, los puntos asociados con los enteros ________ (2) y ________ (3).

(3) Dividimos el segmento $\overline{P_1 P_2}$ en cuatro partes iguales. Cada parte mide $\frac{1}{4}$ unidad.

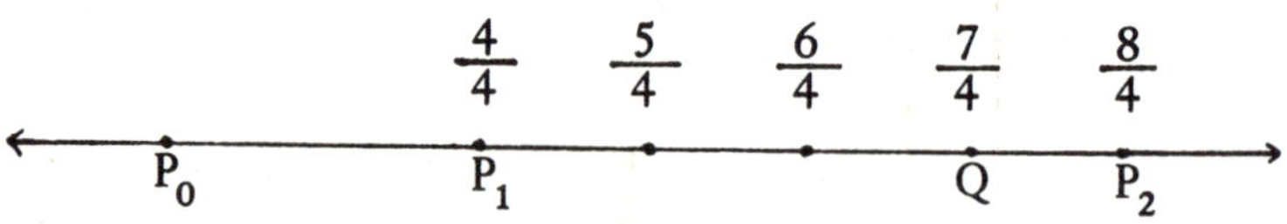

(4) Hemos determinado el punto Q que corresponde a $1\frac{3}{4}$

(b) Halla el punto R que corresponde a $\frac{23}{3}$

(1) $\frac{23}{3}$ expresado como un número mixto es ________ (4).

(2) Esto significa que el punto R está en el segmento que corresponde a los puntos asociados con los enteros ________ (5).

(3) Dividimos este segmento en ________ (6) partes iguales. Cada parte mide ________ (7) unidad.

(4) Marca R en la recta ℓ.

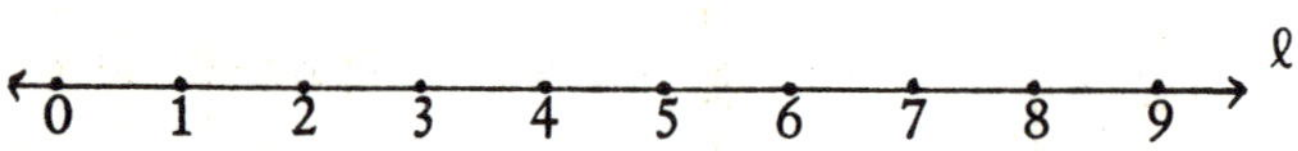

Análogamente, podemos asignarle a cada número racional positivo $\frac{a}{b}$ un punto en la recta. Demostraremos ahora que todavía quedan puntos en la recta que no hemos asociado con ningún número racional.

Consideremos un punto *P* que está entre los puntos que corresponden a los enteros 2 y 3 en la recta. (Para mayor claridad, el dibujo no está hecho a escala).

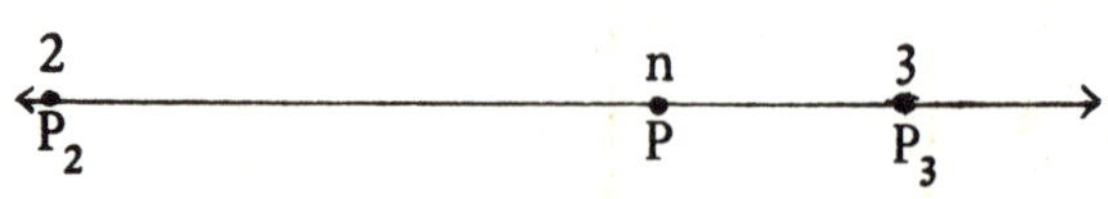

Asociemos con el punto P un número *n*, $2 < n < 3$.

¿Es *n* racional?

Podemos contestar esta pregunta si sabemos su representación decimal. ¿Por qué? Para determinar su representación decimal, dividimos el segmento $\overline{P_2 \; P_3}$ en diez partes iguales. Para ilustrarlo, hemos agrandado el segmento $\overline{P_2 P_3}$:

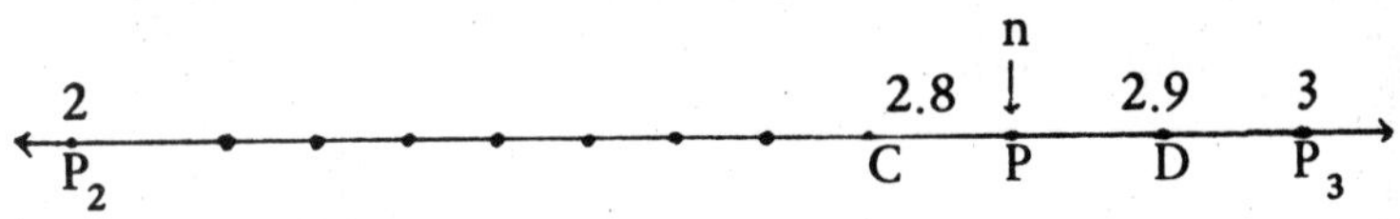

Ahora sabemos que $2.8 < n < 2.9$. Del mismo modo, tomamos el segmento CD, lo agrandamos y lo dividimos en diez partes iguales.

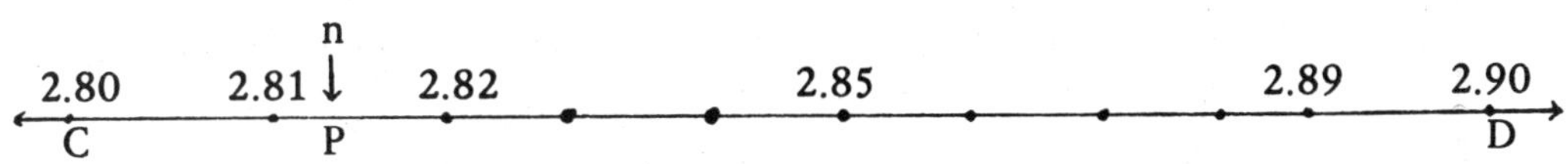

Hemos determinado que $2.81 < n < 2.82$.

Si continuamos este proceso, veremos que: la representación decimal de *n* podría ser periódica o no. Si es periódica, *n* es ——————(8)—————— . Si no es periódica, hemos encontrado un punto que asociamos con un número que *no es racional.* A estos números los llamaremos ***números irracionales.*** Nota que todo punto en la recta se asocia con un número racional o con un número que está entre dos números racionales.

Definición ⇒ Un decimal es un número irracional si no se puede representar de la forma $\frac{a}{b}$, siendo *a* y *b* enteros, $b \neq 0$.

Hay un número infinito de éstos.

A la unión del conjunto de los números racionales positivos con el conjunto de los números irracionales positivos los llamaremos el ***conjunto de los números reales positivos,*** $\mathbb{R}^+$. Esto es,

$$\{x \mid x \in \text{Racionales Positivos}\} \cup \{y \mid y \in \text{Irracionales Positivos}\} = \mathbb{R}^+$$

Ejercicio 1.1

Clasifica cada uno de los siguientes como *racional* o *irracional*

(a) 0.12345

(b) 0.12345545454. . .

(c) 0.130130013

(d) $5\,\frac{3}{8}$

(e) 0.010010001. . .

En esta sección intercalaremos el Teorema de Pitágoras, el cual nos será útil para continuar nuestra discusión sobre los números irracionales.

TEOREMA DE PITAGORAS
En un triángulo rectángulo, la suma de los cuadrados de los catetos es igual al cuadrado de la hipotenusa.

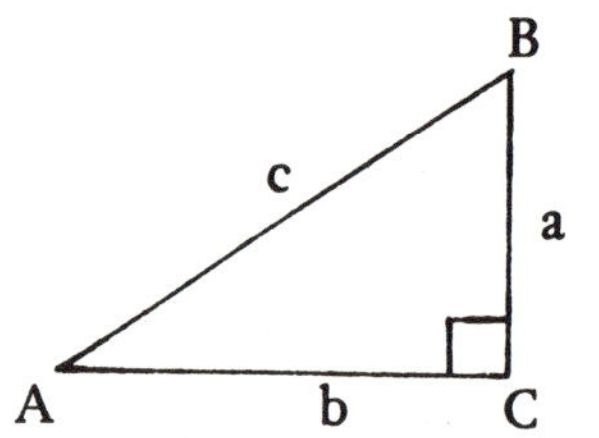

$m(\measuredangle C) = 90°$

$$a^2 + b^2 = c^2$$

EJEMPLO 1.2

Usa el Teorema de Pitágoras para hallar la medida que falta:

(a)

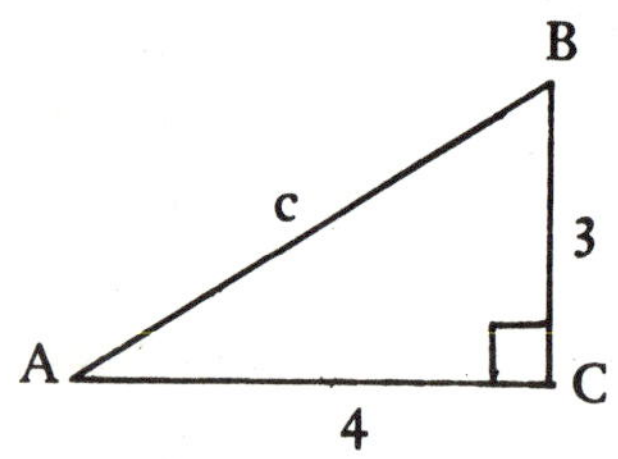

$$\begin{aligned} c^2 &= 3^2 + 4^2 \\ &= 9 + 16 \\ c^2 &= 25 \\ c &= 5, \text{ porque } 5^2 = 25 \end{aligned}$$

(b)

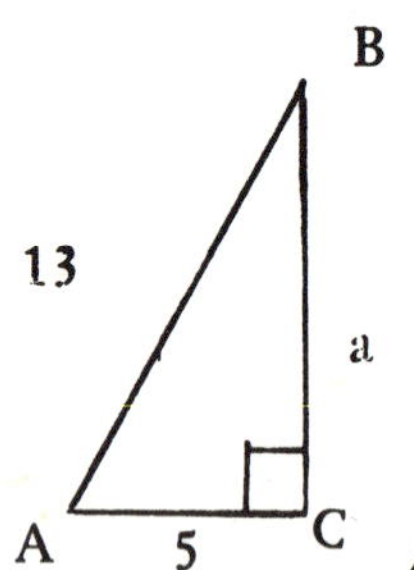

$$\begin{aligned} a^2 + 5^2 &= 13^2 \\ a^2 + 25 &= 169 \\ a^2 &= 144 \\ a &= 12, \text{ porque } 12^2 = 144 \end{aligned}$$

(c)

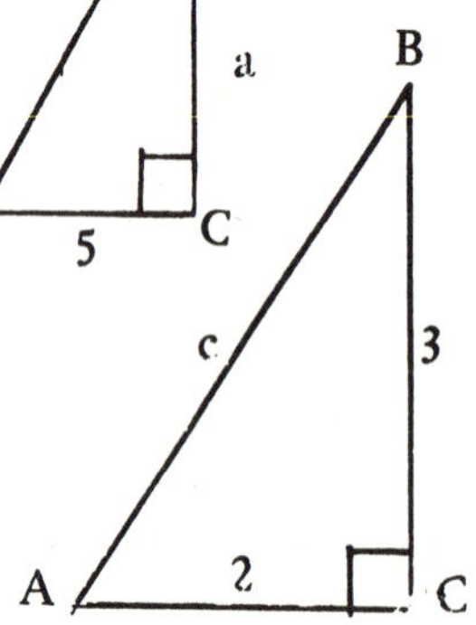

$$\begin{aligned} c^2 &= 2^2 + 3^2 \\ c^2 &= 4 + 9 \\ c^2 &= 13 \end{aligned}$$

Tenemos que hallar el número *c* cuyo cuadrado es 13.

$3^2 = 9$ y $4^2 = 16$, entonces, $3 < c < 4$

Definición $\Rightarrow$ $\sqrt{N} = p$ si y sólo si $p^2 = N$ y $p \geq 0$.

EJEMPLO 1.3

$\sqrt{36} = 6$, porque $6^2 = 36, 6 > 0$

$\sqrt{1} = 1$, porque $1^2 = 1 > 0$

$\sqrt{100} =$ ________ (9), porque ________ (10), $10 > 0$

¿Qué representa $\sqrt{5}$? Representa un número positivo, o cero, cuyo cuadrado es 5. Si $\sqrt{7} = t$, entonces $t^2 = 7$, $t \geq 0$. Si $\sqrt{3} = u$, entonces ________ (11) $u \geq 0$. En estos últimos tres ejemplos es claro que no hay un entero positivo igual a $\sqrt{5}$, $\sqrt{7}$, $\sqrt{3}$. ¿Por qué? ________ (12). ¿Entre qué dos enteros consecutivos está la raíz cuadrada de cada uno de los ejemplos anteriores?

________ (13) $< \sqrt{3} <$ ________ (14)

________ (15) $< \sqrt{5} <$ ________ (16)

________ (17) $< \sqrt{7} <$ ________ (18)

Vamos a hallar el punto en la recta numérica que le corresponde a uno de éstos, digamos a $\sqrt{5}$. Para buscar el punto correspondiente a $\sqrt{5}$ podemos usar el Teorema de Pitágoras. Construyamos un triángulo rectángulo cuyos catetos miden 1 y 2 unidades respectivamente. La hipotenusa mide $\sqrt{5}$, ya que:

$$1^2 + 2^2 = c^2$$
$$1 + 4 = 5 = c^2$$
$$c = \sqrt{5}$$

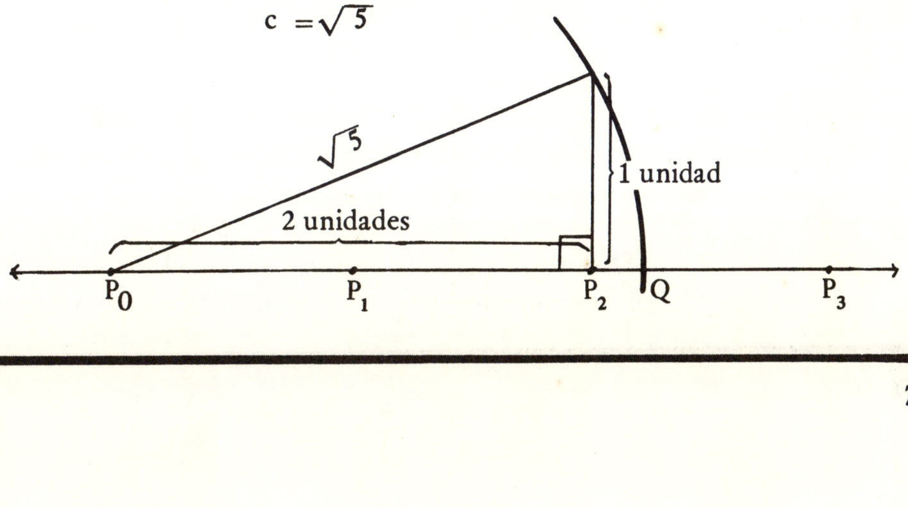

El punto Q corresponde a $\sqrt{5}$. ¿Es $\sqrt{5}$ racional o irracional? Hallemos algunas aproximaciones de $\sqrt{5}$. Como $(2)^2 = 4$ y $(3)^2 = 9$, entonces, $2 < \sqrt{5} < 3$.

Como $(2.2)^2 = 4.84$ y $(2.3)^2 = 5.29$
$\Rightarrow\Rightarrow\Rightarrow$ Entonces, $2.2 < \sqrt{5} < 2.3$
Como $(2.23)^2 = 4.9729$ y $(2.24)^2 = 5.0176$
$\Rightarrow\Rightarrow\Rightarrow$ Entonces, $2.23 < \sqrt{5} < 2.24$
Como $(2.236)^2 = 4.999696$ y $(2.237)^2 =$ ______ (19)
$\Rightarrow\Rightarrow\Rightarrow$ Entonces, $2.236 < \sqrt{5} < 2.237$

La representación decimal de $\sqrt{5}$ es: $\sqrt{5} = 2.23606797....$

Parece que esta representación decimal no es repetitiva. Si continuamos el proceso anterior, veremos que no lo es. Decimos entonces, que la $\sqrt{5}$ es un número ______ (20).

Demostraremos que la raíz cuadrada de cualquier primo es irracional. Para hacer esta demostración usaremos conceptos que ya conoces, como los siguientes:

(1) Cualquier entero positivo se representa de forma única como producto de factores primos. (Vea Subunidad I-A.3)

(2) El cuadrado de cualquier número entero tiene un número par de factores primos. Esto es,

$$\text{Si } n = q \cdot r \ldots. s$$
$$n^2 = (q \cdot r \ldots. s)(q \,.\, r \ldots. s)$$

Observa que cada primo aparece como factor en n^2 el doble de las veces que aparece en *n*.

(3) Cualquier número racional se puede expresar como $\frac{a}{b}$, en forma reducida, *a* y *b* enteros $b \neq 0$.

Veamos qué ocurre si asumimos que $\sqrt{p}$ es racional, donde *p* es primo.

$$\sqrt{p} = \frac{a}{b} \quad \text{entonces } p = \frac{a^2}{b^2} \Rightarrow \quad pb^2 = a^2$$

Si expresamos el lado derecho de la ecuación como un producto de primos encontramos que hay un número *par* de factores primos. ¿Por qué? ______ (21). Hacemos lo mismo en el lado izquierdo de la ecuación y encontramos que hay un número *impar* de factores. ¿Por qué? ______ (22)

Hemos representado el mismo número como un producto de primos de *dos* maneras diferentes, lo que contradice la propiedad de factorización única de un número. Esto significa que lo que habíamos asumido, es decir, "$\sqrt{p}$ es racional", no es cierto. Luego p es irracional. Podemos concluir que $\sqrt{2}, \sqrt{3}, \sqrt{5}, \sqrt{7}, \sqrt{11}, \ldots$ son números ________ (23) .

NOTA — Hemos demostrado la existencia de algunos números irracionales.
Otros ejemplos son: $\sqrt{6}$, $\sqrt[3]{10}$, $\pi, \ldots$
¿Puedes mencionar otros?

Ejercicio 1.2

(1) Si *a* y *b* son los catetos y *c* la hipotenusa de un triángulo rectángulo, halla la parte que falta e identifica el número como racional o irracional:

(a) $a = 2, b = 3, \quad c =$ ________
(b) $a = 5, b =$ ________ $, c = 8$
(c) $a =$ ________ $, b = 8, c = 10$
(d) $a = 3, b =$ ________ $, c = 7$
(e) $a =$ ________ $, \quad b = 24, \ c = 25$

(2) Halla un triángulo rectángulo tal que la medida de sus catetos sea entero si su hipotenusa mide $\sqrt{17}$ unidades.

(3) Usa la construcción del ejercicio anterior para hallar el punto Q en la recta numérica que corresponde a $\sqrt{17}$.

D.2 OPERACIONES CON RADICALES

De igual manera que las otras operaciones aritméticas tienen su operación inversa, la operación de radicación es la inversa de potenciación. Usamos el símbolo $\sqrt[n]{c}$ y lo llamamos *la raíz enésima de c.*

REGLA: $\sqrt[n]{c} = q$ si y sólo si $q^n = c$, *c* y *q* reales, *n* natural

En el símbolo $\sqrt[n]{c}$, *n* se llama el índice, *c* el radicando y $\sqrt{\ }$ se llama el signo de radical. Si no escribimos el índice, entendemos que éste es 2, y se lee *raíz cuadrada.* Si n = 3, se lee *raíz cúbica*, si n = 4, se lee *raíz cuarta,* etc.

EJEMPLO 2.1

(a) $\sqrt[5]{32} = 2$ porque $2^5 = 32$
(b) $\sqrt[4]{81} = 3$ porque ________ (24)

(c) $\sqrt{\frac{49}{25}} = \frac{7}{5}$ porque ______(25)

(d) $\sqrt{0.16} = 0.4$ porque ______(26)

(e) $\sqrt[3]{0.008} =$ ______(27) porque ______(28)

Ejercicio 2.1

Halla el valor de cada uno de los siguientes:

(a) $\sqrt[3]{27}$ (b) $\sqrt{\frac{1}{4}}$

(c) $\sqrt[3]{5^3}$ (d) $\sqrt[4]{\frac{16}{81}}$

(e) $\sqrt{0.25}$ (f) $\sqrt[3]{0.064}$

Estudiemos ahora algunas propiedades de radicales:

PROPIEDAD I

$$\sqrt[n]{a^n} = \begin{cases} a, & \text{si } n \text{ es impar} \\ |a|, & \text{si } n \text{ es par} \end{cases}$$

Para *a* real, *n* natural

PROPIEDAD DE MULTIPLICACION

Si $\sqrt[n]{a} = p$, entonces $a = p^n = \overbrace{p \cdot p \ldots p}^{n \text{ factores}}$

Si $\sqrt[n]{b} = q$, entonces $b = q^n = \overbrace{q \cdot q \ldots q}^{n \text{ factores}}$

$$ab = \overbrace{(p \cdot p \ldots p)}^{n \text{ factores}}\overbrace{(q \cdot q \ldots q)}^{n \text{ factores}}$$

$$ab = \overbrace{(pq)\,(pq) \ldots (pq)}^{n \text{ factores}}$$

¿Por qué? ______(29).

Luego, $ab = (pq)^n$, que implica que $\sqrt[n]{ab} = pq$.

Por otro lado, $p = \sqrt[n]{a}$, $q = \sqrt[n]{b}$, si sustituimos estos valores en nuestra última igualdad, obtenemos que:

$$\sqrt[n]{ab} = \sqrt[n]{a} \cdot \sqrt[n]{b}$$

Las siguientes propiedades son ciertas si *todos los radicales* que aparecen en la relación existen *en los números reales.*

PROPIEDAD 2

$$\sqrt[n]{ab} = \sqrt[n]{a} \cdot \sqrt[n]{b}$$

a y *b* reales, *n* natural

PROPIEDAD 3

$$\sqrt[n]{\frac{a}{b}} = \frac{\sqrt[n]{a}}{\sqrt[n]{b}}, \quad b \neq 0$$

a, b reales, *n* natural

EJEMPLO 2.2.

(a) $\sqrt{20} = \sqrt{4 \cdot 5} = \sqrt{4} \cdot \sqrt{5} = 2\sqrt{5}$

(b) $\sqrt{6} = \sqrt{3} \cdot \sqrt{2}$

(c) $\sqrt{64(49)} = \sqrt{64} \cdot \sqrt{49} = 8(7) = 56$

(d) $\sqrt[3]{(0.008)(27)} = \sqrt[3]{0.008} \cdot \sqrt[3]{27} = (0.2)(3) = 0.6$

(e) $\sqrt{\frac{25}{36}} = \frac{\sqrt{25}}{\sqrt{36}} = \frac{5}{6}$

(f) $\sqrt{0.04} = \sqrt{\frac{4}{100}} = \frac{\sqrt{4}}{\sqrt{100}} = \frac{2}{10} = 0.2$

(g) $\sqrt{40000} = \sqrt{4 \times 10^4} = \sqrt{4} \cdot \sqrt{10^4} = 2(10^2) = 200$

Ejercicio 2.2

Trabaja los siguientes ejercicios siguiendo el procedimiento del ejemplo anterior.

(a) $\sqrt{18}$ (b) $\sqrt[3]{54}$

(c) $\sqrt{0.0036}$ (d) $\sqrt[5]{\frac{8}{32}}$

(e) $\sqrt{0.0001}$ (f) $\sqrt{25(36)}$

(g) $\sqrt{9(16)}$ (h) $\sqrt{9+16}$

(i) $\sqrt{100-64}$

Notación Científica

En los cursos de ciencias aprendimos a representar cualquier número N como el producto de un número p, $1 < p < 10$, por una potencia entera de 10. Esto es,

$$N = p \times 10^{n}$$

Por ejemplo, $400 = 4 \times 10^2$; $528 = 5.28 \times 10^2$.

Con este concepto y con las propiedades de radicales que conocemos, podemos hallar la raíz enésima de cualquier número, como veremos en el siguiente ejemplo:

EJEMPLO 2.3

(a) $\sqrt{400} = \sqrt{4 \times 10^2} = \sqrt{4} \times \sqrt{10^2} = 2 \times 10 = 20$

(b) $\sqrt[3]{8000} = \sqrt[3]{8 \times 10^3} = \sqrt[3]{8} \times \sqrt[3]{10^3} = 2 \times 10 = 20$

(c) $\sqrt{140} = \sqrt{1.4 \times 10^2} = \sqrt{1.4} \times \sqrt{10^2} = \sqrt{1.4} \times 10$

(d) $\sqrt{9000} = \sqrt{9 \times 10^3} = \sqrt{9} \times \sqrt{10^2} \times \sqrt{10} = 3 \times 10 \times \sqrt{10} = 30\sqrt{10}$

Racionalización

Antes de terminar nuestra discusión de algunas propiedades de radicales debemos observar que expresiones con fracciones y radicales tienen diferentes formas equivalentes. Así,

$$\sqrt{\frac{2}{3}} = \sqrt{\frac{2 \cdot 2}{3 \cdot 2}} = \sqrt{\frac{2 \cdot 3}{3 \cdot 3}} = \sqrt{\frac{2 \cdot 4}{3 \cdot 4}} = \sqrt{\frac{2 \cdot n}{3 \cdot n}}, \quad n > 0$$

En algunos casos nos interesa obtener una forma equivalente en donde la raíz indicada del numerador o el denominador se pueda expresar sin el uso de radicales.

EJEMPLO 2.4

$$\sqrt{\frac{2}{3}} = \sqrt{\frac{2 \cdot 2}{3 \cdot 2}} = \sqrt{\frac{4}{6}} = \frac{\sqrt{4}}{\sqrt{6}} = \frac{2}{\sqrt{6}} = \sqrt{\frac{2 \cdot 3}{3 \cdot 3}} = \sqrt{\frac{6}{9}} = \frac{\sqrt{6}}{3}$$

Por lo tanto,

$$\sqrt{\frac{2}{3}} = \frac{2}{\sqrt{6}} = \frac{\sqrt{6}}{3}$$

A este proceso lo llamamos *racionalización* del numerador o denominador.

D. 3 PROPIEDADES DE LOS NUMEROS REALES

En el mundo físico en que vivimos hay situaciones en las cuales aparece el concepto de *números orientados.* Por ejemplo: Hablamos de temperaturas bajo cero, alturas sobre el nivel del mar, kilómetros al este de un punto fijo, o kilómetros al oeste de este punto. Estas situaciones envuelven *magnitud y dirección.* En esta sección estudiaremos números que nos permitirán representar este concepto.

Hasta aquí hemos trabajado con números que corresponden a puntos que están a la derecha de un punto P_0 en la recta numérica. Ahora trabajaremos con los puntos que están a la izquierda de P_0.

Tomemos un punto P a la derecha de P_0 de modo que la distancia de P_0 a P sea n. Hallemos un punto Q a la izquierda de P_0 que esté también a distancia n de P_0. Esto es, P y Q están a la misma distancia de P_0, pero en *direcciones opuestas.*

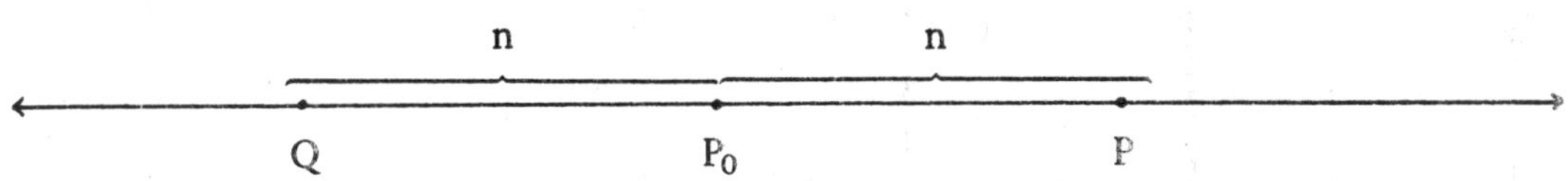

Asociemos con P el número n y con Q el número que llamaremos el opuesto de n y que representaremos con el símbolo de $-n$.

En esta correspondencia, al punto P_0 le asignamos el número 0.

Hemos visto que a cada punto a la derecha de P_0 le corresponde un número real. A este conjunto de números le llamaremos el conjunto de los números reales positivos. Con cada uno de estos números positivos puedes asociar su opuesto, que está a la izquierda de P_0, a los cuales llamaremos conjunto de números reales negativos. Llamaremos conjunto de los *números reales* a la unión del conjunto de los números reales positivos, el conjunto cuyo único elemento es el cero y el conjunto de los números reales negativos, y lo representaremos con el símbolo $\mathbb{R}$.

Así,

$$\{\text{Reales positivos}\} \cup \{0\} \cup \{\text{Reales negativos}\} = \mathbb{R}$$

Ejercicio 3.1

(1) Escribe en símbolos un conjunto que represente los enteros.
(2) Escribe en símbolos un conjunto que represente los números racionales.

Para efectuar las operaciones básicas en el conjunto de los números reales haremos uso de las siguientes definiciones:

Si $a \in \mathbb{R}$,

(1) $a + 0 = 0 + a = a$
(2) $a + (-a) = 0$
(3) $a \times 0 = 0 \times a = 0$
(4) $\frac{0}{a} = 0, a \neq 0$
(5) $\frac{a}{0}$ no está definido. ¿Por qué? ____________ (30)

NOTA Los puntos a la derecha de P_0 los asociamos con números positivos. Decimos que estos números, *n*, son mayores que cero, y escribimos $n > 0$. Los que están a la izquierda de P_0 los asociamos con números negativos. Estos números, *m*, son menores que cero, y escribimos $m < 0$. Decimos que un número *p* es mayor que otro número *q* si *p* corresponde a un punto en la recta que está a la derecha del punto que corresponde a *q*, y lo representamos $p > q$.

EJEMPLO 3.1

(a) $5 + (-5) = 0$ (b) $-4 + 0 = -4$
(c) $3 \times 0 = 0$ (d) $\frac{0}{7} = 0$
(e) $5 > 0$ (f) $0 > -3$
(g) $1 > -10$ (h) $-3 > -7$

Con cada número real, asociamos dos conceptos: *magnitud* y *dirección*. Definimos la *magnitud* de un número *b* como la distancia a que se encuentra el punto asociado a *b* del punto asociado a cero en la recta numérica. A esta magnitud, la llamamos el *valor absoluto* de *b* y la representamos por $|b|$. Definimos *dirección* de un número *b* como la posición del punto que lo representa en la recta numérica respecto al punto que corresponde al cero.

EJEMPLO 3.2

(1) $|0| = 0$

(2) $|4| = |-4| = 4$

(3) $|5-2| = |3| = 3$

Ejercicio 3.2

Halla el valor de cada uno de los siguientes:

(a) $|-\frac{4}{5}|$ (b) $|-5+0|$

(c) $|-4 \times 0|$ (d) $|7-2|$

(e) $|-3|+|3|$ (f) $|5|-|2|$

(g) $3|-2|$ (h) $5|3|-3|-4|$

D.4 OPERACIONES EN LOS NUMEROS REALES

Definamos ahora las operaciones aritméticas en el conjunto de los números reales. Estas definiciones serán consistentes con las operaciones aritméticas que ya conocemos en el conjunto de los reales positivos.

Hemos visto que para todo número real *n* existe su opuesto $-n$, tal que:

$$n + (-n) = 0$$

Sabemos que si $n = 4$, entonces $4 + (-4) = 0$. Usando esta relación, también decimos que si $n = -4$, entonces $(-4) + [-(-4)] = 0$. Esto significa que (-4) es el opuesto de 4, y que el opuesto de (-4) es ______ (31)

PROPIEDAD $-(-n) = n$, para toda $n \in \mathbb{R}$

EJEMPLO 4.1

(1) $-(-1.5) = 1.5$

(2) $-(\frac{3}{2}) =$ ______ (32)

Observa que "$-n$" no siempre es negativo. ¿Cuándo es $-n$ un número negativo? ________ (33) ¿Cuándo es $-n$ un número positivo? ________ (34)

La Operación de SUMA

REGLA

> Si a y b son positivos:
>
> $(+a) + (+b) = +(a+b)$
>
> $(-a) + (-b) = -(a+b)$

EJEMPLO 4.2

(1) $(+3) + (+5) = +(3+5) = +8$

(2) $(-3) + (-5) = -(3+5) = -8$

REGLA

> Si a y b tienen signos opuestos:
>
> (1) Determina el valor absoluto de los números.
> (2) Halla la diferencia entre los valores absolutos de los números.
> (3) El signo de la suma es el signo del número con valor absoluto mayor.

EJEMPLO 4.3

(a) $(+3) + (-5) = -2$

Como $|3| = 3$ y $|-5| = 5$, hallamos $5 - 3 = 2$ y le asignamos el signo del número con valor absoluto mayor. Luego, $(+3) + (-5) = -2$

(b) $(-3) + (+5) = +2$

$|-3| = 3$, $|+5| = 5$

Ejercicio 4.1

Lleva a cabo las sumas indicadas en cada uno de los ejercicios:

(a) $(+5) + (-9)$ (b) $(-5) + (+9)$

(c) $(-5) + (-9)$ (d) $(+5) + (+9)$

(e) $(+5) + (-5)$

La Operación de RESTA

La resta se define partiendo de la suma de los números reales.

REGLA

$a - b = a + (-b)$, para todo número real a y b

EJEMPLO 4.4

(a) $3 - 8 = 3 + (-8) = -5$
(b) $8 - 3 = 8 + (-3) = 5$
(c) $-5 - 5 = -5 + (-5) = -10$
(d) $-5 - (-5) = -5 + [-(-5)] = -5 + 5 = 0$

Ejercicio 4.2

Efectúa las operaciones indicadas:

(a) $3.5 - 1.7$ (b) $1.7 - 3.5$
(c) $-1.7 - (-3.5)$ (d) $-3.5 - (-1.7)$
(e) $(-2) + (4) - (6) + (7)$ (f) $(-7) - (-5) + (8)$
(g) $(-2) + (-6) + (8)$ (h) $(-\frac{1}{3}) \div (\frac{1}{2})$
(i) $\frac{1}{3} - (-\frac{1}{2})$

Las Operaciones de MULTIPLICACION Y DIVISION

REGLA

(1) Si dos números tienen el mismo signo, tanto su producto como su cociente son positivos. (2) Si dos números tienen signos diferentes, tanto su producto como su cociente son negativos.

EJEMPLO 4.5

(a) $3 \times 5 = 15$ (b) $(-3) \times (-5) = 15$
(c) $-8 \div (-4) = 2$ (d) $6 \div 2 = 3$

(e) $3 \times (-5) = -15$ (f) $(-3) \times 5 = -15$

(g) $(-9) \div 3 = -3$ (h) $9 \div (-3) = -3$

Ejercicio 4.3

Efectúa las operaciones indicadas:

(a) $(-\frac{1}{3})(\frac{15}{8})$ (b) $\frac{7}{4} \div (-\frac{21}{16})$

(c) $(-8) \div (-2)$ (d) $(8) \div (-2)$

(e) $(-15) \div (-3)$ (f) $(-2)(3)(-5)$

(g) $(-0.1)(0.1)(0.1)$

D. 5 EL ORDEN DE LAS OPERACIONES

Hasta ahora nos hemos encontrado con expresiones en donde tenemos que efectuar sólo una operación. Esto no siempre es así. Puede ocurrir que en una misma expresión aparezcan dos o más operaciones.

Tomemos por ejemplo, la expresión $3 + 4 \times 6$. Cabe preguntarnos, ¿cuál de las operaciones efectuar primero? Si efectuamos primero la suma, tenemos que:

$$3 + 4 \times 6 = 7 \times 6 = 42$$

Si efectuamos primero la multiplicación, tenemos que:

$$3 + 4 \times 6 = 3 + 24 = 27$$

$$42 \neq 27$$

Tenemos que establecer un criterio que nos permita determinar el orden en que efectuamos las operaciones en el caso en que aparezcan más de una operación en una misma expresión.

REGLA

> Al evaluar expresiones donde aparecen varias operaciones fundamentales [+ , −, X, ÷], sin signos de agrupación, efectuamos *primero* las multiplicaciones y divisiones EN EL ORDEN EN QUE APARECEN, y luego las sumas y restas.

EJEMPLO 5.1

(a) $10 \div 2 + 3 = 5 + 3 = 8$

(b) $20 \div 4 \cdot 2 - 3 = 5 \times 2 - 3 =$ ______ (35)

(c) $5 + 6 \cdot 8 \div 2 + 4 = 5 +$ ______ (36) $+ 4 =$ ______ (37)

Ejercicio 5.1

Efectúa las operaciones indicadas:

(a) $8 - 4 \cdot 2$

(b) $4 + 6 \div 2 \cdot 8$

(c) $8 \div 2 \cdot 3 - 13$

(d) $-4 + 5 \cdot 3 + 2 - 4 \cdot 6$

Los símbolos comunes de agrupación son el paréntesis: ( ), el corchete: [ ], y las llaves: { }. Estos símbolos se usan por conveniencia, para mayor claridad en las expresiones o para indicar el orden de las operaciones. Las expresiones agrupadas se consideran como un solo número y las operaciones dentro de los signos de agrupación se calculan *primero.*

EJEMPLO 5.2

(a) $4 - (5 - 2) = 4 - 3 = 1$

(b) $\{(-3)(-8) + (-3)(7)\} + 5 =$ ______ (38)

(c) $5 + 2(3 + 1) = 5 + 2(4) = 5 + 8 = 13$

(d) $8 - [4 + (5 - 3)] = 8 - [4 + 2] = 8 - 6 = 2$

Ejercicio 5.2

Efectúa las operaciones indicadas:

(a) $8 - 3(4 - 1)$

(b) $-2\{6 - 2[4 - 3(5 - 2)] - 3\}$

(c) $5 - 3(4 - 2) - 3$

(d) $(8)(-4) \div (-2) + 3$

Contestaciones a los blancos

(1) n
(2) 1
(3) 2
(4) $7\frac{2}{3}$
(5) 7 y 8
(6) 3
(7) $\frac{1}{3}$
(8) racional
(9) 10
(10) $10^2 = 100,\ 10 > 0$
(11) $u^2 = 3,\ u \geq 0$
(12) Los cuadrados de los enteros positivos son 1, 4, 9, 25,... y no incluyen al 3, 5 y 7.
(13) 1
(14) 2
(15) 2
(16) 3
(17) 2
(18) 3
(19) 5.004169
(20) irracional
(21) por (2) en página 9
(22) El número de factores primos en b^2 es par, por lo tanto, en pb^2 es impar.
(23) irracionales
(24) $3^4 = 81$
(25) $(\frac{7}{5})^2 = \frac{49}{25}$
(26) $(0.4)^2 = 0.16$
(27) 0.2
(28) $(0.2)^3 = 0.008$
(29) Propiedad conmutativa y asociativa de la multiplicación

(30) a × 0 = 0 × a = 0
(31) 4
(32) $-\frac{3}{2}$
(33) cuando *n* es positivo
(34) cuando *n* es negativo
(35) 10 − 3 = 7
(36) 48 ÷ 2
(37) 5 + 24 + 4 = 33
(38) {24 − 21} + 5 = 3 + 5 = 8

Contestaciones a los ejercicios

1.1 (a) racional
(b) racional
(c) racional
(d) racional
(e) irracional

1.2 (1) a) $\sqrt{13}$, irracional
b) $\sqrt{39}$, irracional
c) 6, racional
d) $\sqrt{40}$, irracional
e) 7, racional

(2) Las medidas de los catetos son 1 y 4.

(3)

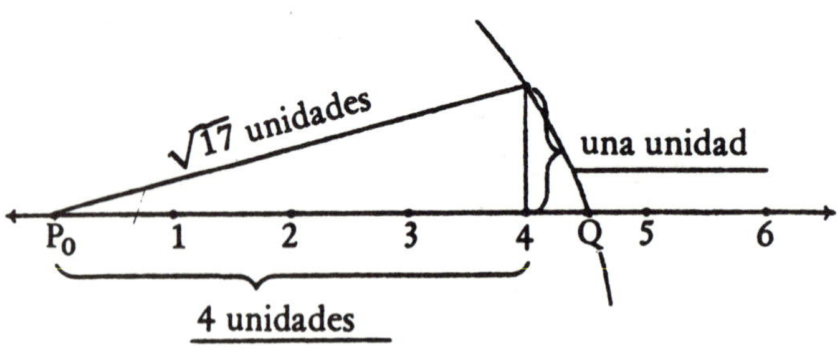

2.1 (a) 3
(b) $\frac{1}{2}$
(c) 5

(d) $\frac{2}{3}$

(e) 0.5

(f) 0.4

2.2 (a) $3\sqrt{2}$

(b) $3\sqrt[3]{2}$

(c) 0.06

(d) $\frac{\sqrt[5]{8}}{2} = \frac{1}{2}\sqrt[5]{8}$

(e) 0.01

(f) 30

(g) 12

(h) 5

(i) 6

3.1 (1) {Enteros positivos} ∪ {0} ∪ {Enteros negativos}

(2) {Racionales positivos} ∪ {0} ∪ {Racionales negativos}

3.2 (a) $\frac{4}{5}$ (e) 6

(b) 5 (f) 3

(c) 0 (g) 6

(d) 5 (h) 3

4.1 (a) −4 (d) + 14

(b) + 4 (e) 0

(c) −14

4.2 (a) 1.8 (f) 6

(b) −1.8 (g) 0

(c) 1.8 (h) $\frac{1}{6}$

(d) −1.8 (i) $\frac{5}{6}$

(e) 3

4.3 (a) $-\frac{5}{8}$ (e) 5

(b) $-\frac{4}{3}$ (f) 30

(c) 4 (g) −0.001

(d) −4

5.1 (a) 0
(b) 28
(c) −1
(d) −11

5.2

(a) −1
(b) −26
(c) −4
(d) 19